THE WINE LIST

STORIES AND TASTING NOTES

BEHIND THE WORLD'S MOST REMARKABLE BOTTLES

葡萄酒年份指南

探索近 250 年的世界名酒風味奧秘與崛起軌跡

GRANT REYNOLDS

葛蘭特·雷諾茲＿＿＿＿ 作　　貝琪·庫柏＿＿＿＿ 協力　Joan Wong＿＿＿＿ 插畫

羅亞琪＿＿＿＿ 譯　　王鵬＿＿＿＿ 審訂

CONTENTS 目錄

第三部分

評分制當道
（1990到2008年）

第四部分

充滿好奇的時代
（2009年至今）

引言

「Vintage」這個英文單字幾乎總是帶有正面意涵，可以用來形容各種物品，包括服裝、海報、手錶和汽車。在我的世界裡，它是指葡萄採收的「年份」，也就是每一瓶葡萄酒的根基。一瓶葡萄酒獨特的表現會受到幾個基本因子影響：使用的葡萄種類、葡萄生長的地方（國家、地區、葡萄園），以及釀酒商將葡萄轉變成酒精的過程中所做出的技術決定。年份最常被用來區別的關鍵因素就在於當年的天氣，可是酒瓶上的那四個數字代表的遠遠不只如此。那些數字是區分葡萄酒的祕密記號，甚至在遇到特別卓越的年份時，還能大聲宣告葡萄酒的品質與經濟價值。

我在還沒到達（美國）法定飲酒年齡之前，就已經愛上葡萄酒，原因有二：一、我喜歡參加派對；二、我真心喜歡這個東西，不管是葡萄酒的歷史、味道或跟它有關的一切。我在高中時期曾到義大利待過一年，餐桌上有什麼就喝什麼。我開始深刻在乎自己喝的東西，是在科羅拉多州的波爾德一間名叫弗拉斯卡美食與美酒（Frasca Food and Wine）的餐廳工作的時候，在那裡認識了我的早期啟蒙導師——馬修・馬瑟（Matthew Mather）和鮑比・史塔基（Bobby Stuckey）兩位侍酒師。這兩個傢伙會以一種充滿喜悅的口吻——甚至比大部分的人說到自己的親朋好友時還喜悅的語氣脫口說出一些我從沒聽過、也完全不知道怎麼唸的名字，像是海雅（Rayas）、歌雅（Gaja）和杜維莎（Dauvissat）。他們的熱情感染了我。在餐廳裡工作固然辛苦，但是可以接觸到我這輩子都不可能買得起的葡萄酒，讓漫長的工時和高壓的環境變得不足掛齒。我很幸運地可以品嚐到比我還老的酒。有人說，今天最會品酒的味蕾屬於曾在餐廳第一線工作過的人，原因就是這樣。

當時約莫是 2008 年,「好酒」的概念還被認為很古板,而不是很酷炫,但是我並不在意。我深深著迷於讓某一瓶酒嚐起來有某種味道、極度昂貴或甚至完全絕跡背後的科學、故事和傳說。我把能學的東西全都學起來,管道包括閱讀跟這個主題有關的幾本重要著作、請教優秀的前輩、鑽研幾十年前的天氣報告及運用早期的網際網路。我會在 Google 搜尋:「1988 年義大利的天氣如何?」也就是我出生那一年。好幾位著名的製酒師和大師級的侍酒師都曾告訴我:那是巴羅洛不錯但不算很棒的年份;是薩西凱亞最棒的年份;是布根地很糟的年份,只有幾款白酒例外;是胡米耶的魔幻年份;是香檳的偉大年份,但是僅限於使用百分之百夏多內製成的酒;是麗絲玲葡萄釀成的一些上等好酒的年份;隆河北部的紅酒雖然 1989 和 1990 這兩個年份更搶戲,但 1988 年的有可能更好;對派克出現以前的加州卡本內來說不算糟。然而,我發現的事物不但無法滿足我的好奇心,反而更激發我的興趣。我想知道 1988 年為何有這麼多不同的敘述都是對的,也想知道那四個數字怎麼能夠透露這麼多資訊。

年份最常見的區別點就在於當年的天氣,但酒瓶上的 4 個數字代表的遠不止如此。

我努力存錢出國,以便利用無薪的工作換取更多酒來喝。羅馬的羅希歐利(Roscioli)是其中一個接納我的餐廳,我在那裡第一次發掘菲亞諾 - 阿維林諾、艾亞尼科和法帕多等較不為人所知的義大利葡萄品種有陳年的潛力。我也曾在全世界最厲害(也最歡迎人來)的酒莊——杜賈克酒莊——採葡萄,明白在餐廳做事很辛苦,但在布根地採葡萄才是這個產業最嚴苛的體罰。在杜賈克,我第一次品嚐到 1950 和 60 年代的酒,當時我還不懂它們的價值,但是現在回想起來,那讓我能以更謙卑的態度體驗它們。

我在杜賈克試過波爾多、布根地和隆河的經典法國生產者最棒的幾支酒之後,又去了勒內·雷哲皮(René Redzepi)在哥本哈根開的餐廳諾馬(Noma)工作,同樣是無薪。當時,自然酒才剛開始從巴黎流傳到其他地方。在諾馬,我品嚐了這種備受爭議的葡萄酒類型好和不好的作品。餐廳的葡萄酒經理馬茲·克雷普(Mads Kleppe)擁有很棒的管道和品味,對於當時世界上最棒的餐廳應該供應什麼酒也有很有專業素養的看法。馬茲擁護不被看好的酒款,今天那些已經變成值得珍藏的葡萄酒。無論哪一天,顧客都喝得到歐維諾娃(Overnoy)、普雷沃(Prévost)、舒里恩弗(Sébastien Riffault)、梅特拉(Métras)、皮菲林(Pfifferling)、薄諾朵(Bernaudeau)等知名生產者的酒。

接著,我在 2012 年搬到紐約。品嚐過全世界最有價值的葡萄酒的人數量很少,其中一位是侍酒師拉傑特·帕爾(Rajat Parr),他鼓勵我多多接觸陳年且稀有的酒。他的鼓勵對我來說就是充分的理由。引介我進入這個小圈子的是羅伯特·波耳(Robert Bohr),他跟拉傑特一樣喝過非常多很棒的酒。羅伯特說服我開一家供應頂尖酒款的休閒餐館,而不是選擇更明顯的職涯方向——例如到麥迪遜公園 11 號(Eleven Madison Park)或丹尼爾(Daniel)等享

譽盛名的餐廳擔任侍酒師。那間餐館就是位於西村
鬧區的查理小鳥（Charlie Bird），後來因為它的酒
單而獲得不少讚美。之後，我和羅伯特跟一個很棒
的團隊又聯手開了另外兩家餐廳，秉持同樣的精神：
供應很棒的食物和更棒的酒，但是顧客可以穿球鞋。
在地球上最棒的城市，我得以在最佳供酒地點清單
上的某幾間餐廳擔任葡萄酒經理和合夥人，打開比
我父母年齡還大的酒瓶，一邊享受侍酒師可以品嚐
的那一小口，一邊深知那大概是我嗅聞那瓶酒的唯
一一次機會，更別說還能喝上一杯。我學會批判某
些其實沒那麼厲害的冠軍酒款，也學會讚賞我帶回
家自己收藏的，某些便宜但美味的酒。

這一切都只是要說：我真的很幸運。隨著年紀漸長，
葡萄酒也跟我一起年紀漸長，我們都在時光的流逝
中變得比較柔軟、安靜。有些酒開出了更美的花朵，
有些則是在拼命硬撐。然而，是什麼決定了葡萄酒
的命運？我發現自己又踏上生涯初期展開的追尋之
旅，想要了解一支酒誕生的那一年——它的年份
——出現的所有事實和事件，為何會影響酒的味道，
還影響它如何老去。

這本書就是我的酒單，列出我認為最了不起的年份，
其中有些令人驚嘆、很多相當卓越，甚至還有幾個
差勁到值得在歷史紀錄中提及的年份。你會得知圈
內八卦，了解知名年份酒的故事（同時談談其名氣
究竟是實至名歸、還是炒作過度），認識很快就會
變成傳奇人物的新一代生產者。你也會學到一些歷
史知識。透過問生產者許多問題、造訪他們的酒窖、
有時甚至親自到他們的葡萄園工作、閱讀他們的書、
品嚐他們的酒（這是最棒的部分），都讓我對葡萄
酒的世界、過去與未來有了獨到的見解。

這本書介紹了有名的年份酒，接著提出這些年份酒
之所以變得有名的理論，也介紹了催生那些酒的人

儘管其他藝術形式也跟創作年代關係密切，葡萄酒卻真的就是歷史上某個時間點的產物。

物和地方。本書分成四大部分：第二次世界大戰前
開疆闢土上的代表；戰後創造許多今天最受人尊敬的
葡萄酒的人物和那些輝煌的酒款；最早受到氣候變
遷以及為全球市場設計的機制所影響的時代；今天
這個迎合葡萄酒史上最好奇、多元和熱忱的消費者
的時代。途中，我們會停下來深入認識一些重要的
概念，例如偉大的酒標和生物動力葡萄酒的本質。
你不必翻遍報紙和天氣報告，就能知道 1969 年的法
國東部發生了什麼事，因為每一個條目（代表一個
年份）都會點出那一年跟葡萄酒無關的一些美妙、
重大、甚至怪異的時刻。有了暢銷書作家和《紐約
客》前編輯貝琪・庫珀（Becky Cooper）所做的研
究，你會發現儘管其他藝術形式也跟創作年代關係
密切，葡萄酒卻真的就是歷史上某個時間點的產物。

本書會告訴你，我們為什麼會給特定的年份進行特
定的分類。最重要的是，它也提醒你，萬物都會改
變，就像葡萄酒一樣——無論是好或不好的改變。

PART I

THE FOUNDING BOTTLES

(PREWAR)

第一部分
創始之酒（戰前）

根據歷史紀錄，葡萄酒的起源最早可回溯到西元前六千年的喬治亞、伊朗和亞美尼亞等地。那時候，葡萄酒沒有裝瓶，也肯定沒人收藏。因此，我猜當時也沒有品飲筆記、搭酒晚餐和葡萄酒鑑賞家。當時的葡萄酒，就只是葡萄製成的酒精。後來，希臘人、羅馬人、葡萄牙人和英國人殖民世界時，葡萄藤的扦插插條就跟香料、植物和動物以同樣的方式傳播到各地。時間快轉幾千年，葡萄酒被轉變成一個融合藝術和工業的東西，成為我們今日所熟知的葡萄酒：一支通常裝有 750 毫升發酵葡萄汁的玻璃酒瓶，瓶身貼了一些很有藝術感的圖樣和法律規定的標準內容，瓶口則用瓶塞堵住。

葡萄酒最早出現商業化的跡象，是在 16 世紀左右，當時靠近港口的產酒區開始行銷自己的產品，包括波爾多和馬德拉。寫出特定酒莊表示品質的酒標就是在這時候開始出現的。酒標本身所代表的意義，就是莊園（家族的宅邸）的名稱可以傳達出某種程度的品質。葡萄酒在那時候便是奢侈品了。

在啟蒙時代，科學紮根、商業變得國際化、農業革命大幅提升農地和田園的產能。新穎的玻璃技術讓酒可以運輸到更遠的地方，保鮮的時間也更久。此外，對於可以在長達數個月的跨大西洋航程中保持不壞的覓酒，人們有很大的需求，這點形塑了全球的味蕾。

從 18 世紀到第二次世界大戰，葡萄酒貿易主要由波爾多紅酒以及波特酒、蘇玳酒和馬德拉酒等甜酒所支配。義大利、西班牙和加州也有出產葡萄酒，但是通常都在當地銷售，直到進入 18 世紀之際才改變。這些比較少人知道的產區才剛開始興起，瘤蚜之災卻爆發了，差點終結整個葡萄酒產業（參見第 26 頁）。唉呀，之後還有其他阻礙，像是第一次世界大戰、經濟大蕭條和美國禁酒令。

接下來的故事會著重在爭議、悲劇和改變命運的環境事件，同時聚焦在遇到這些挑戰仍得以突破難關的酒莊——是他們形塑了我們今天所知道的葡萄酒與葡萄酒產業的根基。

美國第一位愛現的
葡萄酒收藏家

很可惜，沒有文獻詳細記錄收藏葡萄酒究竟何時變成一件大事。儘管歐洲最知名的酒莊有的源自 11 世紀，但是葡萄酒以前只被認為比啤酒稍微「上流」一點，除了會帶來的生理作用之外，絕不是什麼需要痴狂的東西。改變這一點的（至少在美國來說）不是別人，正是親法的開國元首湯瑪斯・傑佛遜（Thomas Jefferson）。這位美國的首位葡萄酒收藏家和愛好者在 1785 到 1789 年間擔任駐法大使時，將葡萄酒運回白宮，他那由納稅人出錢購買，規模不大但經過精心挑選的收藏至今還保存著。

那個男人品味很好。到現在，他寄回國的酒有很多仍被認為是葡萄酒收藏的根本酒款，如波爾多紅酒、波特酒和蘇玳酒，這些會一直受到喜愛，是因為它們的風味變化非常漫長。然而，傑佛遜不只被認為是世界上第一位葡萄酒影響家，還跟有史以來名聲最差的一支酒有關。

1985 年，一支 1787 年的拉菲堡在倫敦的一場拍賣會上出售，瓶身刻有「Th.J」的縮寫字樣。傳說，傑佛遜在寄酒回國之前，要求自己的簽名要加在酒瓶上，原因可能是為了讓較不顯赫的內閣成員遠離好東西。這支 1787 年的拉菲堡最後以 10 萬 5 千英鎊（約今天的 30 萬英鎊）賣出，是當時一支酒史上最高的拍賣價格。葡萄酒當時尚未像今日這般涵蓋如此廣泛的消費族群與價格層級，所以 6 位數的銷售金額是天大的消息。買下那支酒的富比士家族不是要喝它，而是要把它當作具有國家重要性的文物。

這件事之後，其他簽了名的傑佛遜酒瓶也被拿到市場上買賣，包括更多 1787 年的拉菲堡。時間快轉 20 年：買了幾支傑佛遜藏酒的比爾・科赫（Bill Koch）有一次為了籌備波士頓美術館的古董展，請人鑑定「Th.J」簽名的真偽。想不到，他找上湯瑪斯・傑佛遜基金會進行確認時，基金會卻說那些酒瓶其實不屬於這位美國前總統，這引發了葡萄酒世界有史以來最大的醜聞。

不管是真是假，這麼古老稀有的酒瓶不禁令人想問：它嚐起來的味道如何？假如有在適當的條件下保存，這酒確實有可能很棒，甚至還具有 6 位數的價值。誰知道呢？但，就像所有的收藏品一樣，它的魅力（也就是它的價值）不只在於味道。

5月13日，英國海軍上將亞瑟・菲利普（Arthur Philip）出發前往澳洲，目標是要建立一個流放殖民地。除了囚犯和船員，他還將葡萄藤插枝首次帶到澳洲的土地上。然而，沒有一棵葡萄活過當地的濕熱。

隔天——5月14日，各代表開始抵達費城，準備召開制憲會議。德拉瓦州成為聯邦的第一州，賓州和紐澤西州隨後跟進。

法國化學家安托萬・拉瓦節（Antoine Lavoisier）首次提出被用來製造玻璃至少四千年的矽石可能是某個尚未被發現的元素——矽——的氧化物。

1787

彗星葡萄酒

19 世紀初，葡萄酒通常都是裝在有柄的罐子或其他大型容器中，從葡萄園送到酒杯裡之後，就不會再進行陳年。幸好，當時還有一些例外。後來有人找到那個時代一支保存良好的酒瓶，發現其內容物連對味蕾最不敏銳的人來說都很不凡。

世界上最適合陳年的葡萄酒是來自法國、西班牙、葡萄牙、德國和匈牙利的甜酒和甜點酒。這些酒的高含糖量還可以起到防腐的作用。如果你很嗜甜，你會發現最適合在一餐的尾聲飲用的，莫過於一支來自伊更堡的蘇玳酒。這種葡萄酒的甜就好比瑪麗蓮夢露這位演員。其中，最棒的年份大概是 1811 年。

那麼，1811 年發生了什麼事呢？在 10 月的採收季期間，成熟如蜜的葡萄被採摘時，1811 年的大彗星劃過了天際。老農夫常說，使用在天文現象發生時採收的葡萄所製成的酒總是特別優質。就像潮汐和海灘那樣，月亮與星星似乎會直接影響葡萄酒，雖然釀酒商很樂意讓宇宙影響的確切機制繼續成謎。

儘管 1811 年的伊更堡或許跟這起天文事件有關，但是可不能讓宇宙搶走所有功勞。伊更堡數百年來一直是成就輝煌的葡萄酒，因其焦糖色澤、綿滑口感和糖果般的滋味而備受讚揚。在 1855 年的葡萄酒分級制度（參見第 23 頁）中，伊更堡是唯一獲得最高分的蘇玳酒，顯示它被認為優於其他所有同類型的葡萄酒。

1811年1月8日，查爾斯·德斯隆德斯（Charles Deslondes）發動美國史上最大的奴隸叛變，在紐奧良附近率領超過200人進行起義。

自從拿破崙在1808年摘掉西班牙國王頭上的王冠、放在自己的哥哥頭上後，就沒有人確定到底是誰統治西班牙及其領土。這一年，爭奪統治權的戰役在拉丁美洲各地爆發。

革命四起的同時，汽輪也出現在海上。10月11日，第一艘以蒸汽為動力的渡輪開始往返紐約市和紐澤西州的荷波肯，進行載送乘客的服務。

1811

衣櫃不是酒窖：
葡萄酒的保存

如果你不在乎葡萄酒能不能保存得久，在製酒過程吹毛求疵有什麼意義？關鍵就在保存方式。葡萄酒需要一個有點濕度的黑暗穩定環境。氧氣是它的大敵。今天，甚至有人將區塊鏈運用在葡萄酒上，向未來幾十年的收藏家保證酒有好好保存。但，這種細心的程度是現代才有的。

曾經有好幾千年，陶器才是王道。在中國，考古發掘最古老的發酵飲品殘跡（一種葡萄和米製成的酒，可回溯到西元前七千年）就是在陶器碎片上找到的；喬治亞從新石器時代就有製酒活動，很多考古證據都顯示，酒被保存在埋在地下的巨大陶土器皿中──埃及人、希臘人和羅馬人大部分的時候都把酒放在各種大小的赤陶罐子裡，據說荷馬便收集了一年分的酒。陶器很能保持內容物的新鮮度，尤其是瓶口加了軟木塞的話。但，羅馬帝國擴張到高盧之後，陶器就不流行了。在高盧，人們發現古代的法國人（他們主要喜歡製造啤酒）是用木桶貯存東西。這些木桶比其他地區使用的雙耳長頸陶罐還堅固、輕量、方便攜帶。可惜，木頭很難杜絕氧氣，因此到了西元 1 世紀陶器的主導地位終止之後，葡萄酒也無法再保存超過 1 年，只有甜酒是例外，因為其高含糖量就是一種天然防腐劑（參見第 46 頁）。

這一切在 17 世紀的英國開始漸漸改變，因為葡萄酒終於遇見炭燒的玻璃。煤炭可以燒到比木頭還高的溫度，因此能夠製造更強硬堅固的玻璃。軟木塞此時也重出江湖。1681 年的一份博物館名錄首次提及軟木塞，內容介紹到「用來取出酒瓶軟木塞的鋼鐵螺紋器」。但就算是那時候，要將葡萄酒恆溫保存以運送到世界各地仍是不可能的，那得等到 1960 年代晚期冷藏貨櫃船問世後才行。

葡萄酒的保存方式未來會變得怎麼樣？可能會捨棄讓這個年份酒的新時代變得可能的軟木塞和玻璃瓶。每 30 支酒瓶，就有 1 支會出現軟木塞汙染，因此科學家已開始實驗使用另一種替代的封口軟木塞，稱作「Diam」，保證不會滋生黴菌。玻璃瓶會受到批評，是因為製作和運送過程消耗很多能源，而且往往只會使用一次。現在，有人呼籲把玻璃瓶用在少數注定會被窖藏的酒就好，畢竟絕大多數的葡萄酒 3 年內就會飲用。針對不使用玻璃瓶的酒，有人主張將袋裝葡萄酒（註：以紙盒為外包裝）去汙名化（生產罐裝葡萄酒也會耗費不少能量）。這樣一來，至少當年還是窮酸大學生的你可以說，你走在時代尖端。

拿破崙的簡易分類

葡萄酒世界並沒有肯塔基德比馬術大賽、世界盃足球賽、棒球世界大賽，也沒有艾美獎、葛萊美獎或奧斯卡獎。事實上，我們沒有任何知名的生產者排名制度，唯一的例外是拿破崙三世皇帝在 1855 年要求列出的那份清單。當時，他要在巴黎舉辦世界博覽會，希望讓外國賓客更容易接觸法國最棒的葡萄酒，很可能是為了打造吸引人的國際市場。這是一項很不容易的任務。

1855 年的波爾多葡萄酒分級制度頗具爭議、影響力大，直到今天依然是如此。一群當地的葡萄酒中盤商將波爾多主要產區——左岸的梅多克——最好的酒進行排名。他們沒有使用計分卡或固定的判斷標準，只是運用對於酒莊的品質和行銷難易度的集體知識，來判定哪一些值得被分配到一（最好）到五（最差）級的分級制度。生產者把最最上等的標示為「一級酒莊」，接下來是二級酒莊到五級酒莊。聽說，他們只花了幾個星期就完成這份名單，然後公布直到今天都還適用的分級制度。

到現在，葡萄酒都還會根據 1855 年的分級制度來訂價，儘管品質不一定跟排名相符。那些頂尖酒莊很多都已經賣給別人或品質變調，有些甚至很有可能從一開始就沒那麼優秀。反過來說也是一樣：收藏家和市場都一致同意，有些酒應該被排在更前面。除此之外，波爾多有很多很棒的生產者完全沒被列入。清單只有收錄波爾多的一個產區，後來也都沒有再更新，納入任何新的生產者。唉，由於這個分級制度沒有打算重新洗牌，日積月累的結果就是，市場的變化基本上打消了拿破崙的初衷——要讓世界毫無疑問地知道波爾多最棒的葡萄酒有哪些。

沒有列入 1855 年的排名，但仍相當成功的波爾多生產者有：

- 歐頌堡（Château Ausone）
- 白馬堡（Château Cheval Blanc）
- 克里內堡（Château Clinet）
- 艾格麗絲克里內堡（Château l'Eglise-Clinet）
- 樂王吉堡（Château L'Évangile）
- 康瑟雍堡（Château La Conseillante）
- 歐布里雍教會堡（Château La Mission Haut-Brion）
- 花堡（Château Lafleur）
- 樂邦堡（Château Le Pin）
- 彼得綠堡（Château Petrus）
- 拓塔諾瓦堡（Château Trotanoy）
- 老色丹堡（Vieux Château Certan）

1855

羅培茲與害蟲

1877 年，有一種稱作葡萄根瘤蚜蟲的害蟲肆虐法國各地的葡萄園，不久後也肆虐整個歐洲。葡萄酒產業一片混亂，葡萄酒末日很快就從很有可能發生變成迫在眉睫。這迫使波爾多等主要產區的玩家從他們不曾想過的地方買進葡萄，只為了生存。當大部分的人都看向法國沒那麼顯赫的地區時，一個名叫拉斐爾·羅培茲·德·埃雷迪亞（Rafael López de Heredia）的智利年輕學生在西班牙里奧哈產區找到一些未受影響的葡萄藤。那段時間，里奧哈變成當時非常情急的法國採購葡萄的源頭。但，羅培茲·德·埃雷迪亞知道他找到的不只是一個問題的短期解決辦法。他把這變成一個轉機，建立了世界上最重要的酒莊之一。

羅培茲·德·埃雷迪亞酒莊是一個龐大的網絡，包含有百年歷史的建築和當代建築，象徵拉斐爾先生致力要讓西班牙葡萄酒媲美、甚至勝過法國葡萄酒的使命。雖然他的葡萄藤跟里奧哈產區的其他葡萄園一樣，最後都被葡萄根瘤蚜蟲所害，需要重新種過，但是這個品牌最為人所知的，是他們堅守拉斐爾先生在害蟲出現前發明的製酒風格，包括將葡萄酒放進橡木桶陳年，最多長達 10 年（法國通常只有兩年）。這段時間賦予葡萄酒的風味較接近茶葉和雪茄，而非花香和果香。羅培茲·德·埃雷迪亞葡萄酒也因為能在酒瓶裡陳年數十年而聞名；有些人認為，這些酒因為在橡木桶陳年時接觸到氧氣，所以對酒瓶裡的氧氣免疫。現在，整個里奧哈被普遍認為是世界上最棒的葡萄酒產區之一，羅培茲·德·埃雷迪亞酒莊在創始人的曾孫女的經營下，也持續拿下該區最棒的葡萄酒光環。飲用羅培茲·德·埃雷迪亞的里奧哈葡萄酒會令人想起逝去已久的時代，那種感覺就像走過龐貝的廢墟，或至少可以說是走過葡萄根瘤蚜蟲肆虐前的里奧哈丘陵。

這是藝術和創新很不錯的一年：柴可夫斯基的〈天鵝湖〉首演；托爾斯泰發表《安娜·卡列尼娜》的最終回連載；亞歷山大·格拉漢姆·貝爾（Alexander Graham Bell）裝設史上第一個商業電話服務。

3月1日，弗雷德里克·道格拉斯（Frederick Douglass）成為美國法警，是史上第一個被美國總統任命並獲得參議院確認的美國黑人。

英國終於廢止自1712年開始課徵的報紙稅。沒了這項稅金，「閱讀時事」變得更容易，媒體因此蓬勃發展。

1877

醉醺醺的蟲子：
葡萄根瘤蚜蟲

那場差點毀掉歐洲製酒業的蟲害是從 1862 年開始的，當時一個名叫波爾第（Monsieur Borty）的酒商收到美國運來的一批葡萄藤插枝，將其種在自己位於隆河的葡萄園。死神的步伐起初很緩慢，第一年夏天只有幾公里之外的一小叢葡萄藤染病，接著一年後，波爾第自己的葡萄藤也開始萎縮（但很神奇的是，美國進口的全都沒事）。到了 1865 年，疫情已經擴散到附近的城鎮。肯定是出了什麼問題。沒多久，法國幾百萬英畝的葡萄園都毀了，釀酒商急著想要阻止這可怕的災害。他們使用越來越激進和昂貴的毒藥；有的人把自己的園子燒了；數千人逃離這個國家。但是，什麼都沒有用，反而擴散到更遠的地方，先是西班牙，再來是義大利和其他地區。法國農業部長慌了，祭出十分可觀的獎金，要送給找得到解方的人。

密蘇里州的州政府昆蟲學家查爾斯・瓦倫丁・雷利（Charles Valentine Riley）不需要獎金這個誘因就興致勃勃。他在法國度過不少童年時光，因此不希望那裡的鄉村被毀。1869 年，他判定罪魁禍首最可能是葡萄根瘤蚜蟲，這是一種很小的蚜蟲，會攻擊植物的根部、吃掉它們的葉子。葡萄根瘤蚜蟲是美國東岸的原生種，隨著西拓先驅遍布全美，接著又搭上順風船，在寄給波爾第的貨物中跨越大西洋。上岸之後，蚜蟲躲在土壤裡瘋狂繁殖，接著傳播到機具，汙染植物、甚至人穿的鞋子。這位密蘇里人大力支持達爾文剛提出的演化論，因此便假定罪魁禍首也是解

方，因為北美的葡萄藤跟這種害蟲一起演化，久而久之已經有了抵抗力。因此，他和其他幾位植物學家建議製酒商把舊的葡萄藤嫁接在有抗體的美國砧木上。

不用說，要砍下自己心愛的古老葡萄藤，然後接在較低劣的美國砧木，這樣的做法讓許多製酒商都嚇壞了。這就好比穿上香奈兒經典套裝，然後搭配沃爾瑪的耐穿鞋子一樣。可是，面對生計完全被毀的可能，法國製酒商別無選擇。實驗從南法開始，到了 1895 年，所有的法國葡萄藤有超過 1/3 都被接了美國的根部。最晚被侵襲的法國產區香檳在 1920 年也已幾乎嫁接完畢。順道一提，那位法國部長拒絕給任何人獎金，因為他說那沒有抑制葡萄根瘤蚜蟲，只是變通的辦法。

在今日的歐洲，賽普勒斯、聖托里尼和加納利群島都還沒被葡萄根瘤蚜蟲攻陷，歐陸也存在少數幾塊珍貴的無嫁接葡萄藤（參見第 45 頁）。沒有人知道現存的確切面積有多少，但是如果你在酒標上看見「Vieilles Vignes」或「Vigne Vecchie」，就可以確定瓶裡裝的是最原始的葡萄酒。伯蘭爵有兩塊成功抵禦疾病的黑皮諾葡萄園，並用它們製造最夢寐以求的香檳──「法國老藤」。他們其實有三塊地，但其中一塊在 2004 年遭到葡萄根瘤蚜蟲危害，大大提醒了我們這個害蟲還沒有被消滅。這些存活下來的老藤應該被當成國家紀念物珍惜。

瑪歌的偉大時刻

在 20 世紀之初，高級葡萄酒講的都還只是波爾多。香檳才剛開始認真對待自己的酒；布根地專心大量製造葡萄酒；隆河會將自己的一些希哈葡萄賣給有錢的波爾多酒莊，為他們的年份酒增添酒體和風味。因此，當法國想要用一款華麗又有水準的酒來慶祝新的世紀，讓自己繼續維持巔峰 100 年，瑪歌堡當然是這個任務的最佳人選。到了 1900 年，這間波爾多傳奇酒莊已經製酒達 400 年之久，著名事蹟包括：生產史上第一支拍賣出去的葡萄酒（1771 年）；足以媲美凡爾賽宮的酒莊建築（建於 1810 年）；在 1855 年的分級制度（參見第 23 頁）獲得最高殊榮。

知名酒莊出產的年份酒本來就很容易行銷，但即使少了那層因素，1900 年依然是瑪歌堡有史以來最棒的年份。那年的天氣賦予葡萄馥郁明顯的風味。此外，這也是超過 80 年以來產量最多的年份，讓酒莊有很多酒可以宣傳和銷售。龐大的數量和絕佳的品質幾乎從來不曾共存，因為作物長得很多，便可能使風味簡化，好比手工藝品製作太多，品質就會打折一樣。但，對所有人來說都很幸運的是，1900 年的瑪歌堡年份酒極為罕見，是鍍金的勞斯萊斯，卻又跟福特的 F-150 生產得一樣多。

米其林輪胎的創辦人編纂了第一本米其林指南，以創造人們對汽車的需求，裡頭收錄地圖、換輪胎的教學和適合停下來吃東西的地方。當時，全法國只有幾千輛汽車而已。

紐約地鐵建設正式展開，市長使用一把銀製鏟子進行破土儀式，並將一把土放進銀色的帽子裡帶回辦公室。

在當年，全球的平均壽命達到32歲。

1900

狂歡的巴黎

一支香檳若有寫出年份，會比沒有寫出年份的還要顯赫昂貴。然而，那些年份酒是特例，因為大部分的香檳都不會標註年份。也就是說，酒瓶裡混合了不同年份的香檳，有不錯的年份，也有不好的年份。這樣一來，就不會浪費任何酒，同時又能維持一定的水準。

然而，對尤金–艾梅·沙龍（Eugène-Aimé Salon）來說，「夠好就好」是不夠好的。他是個很會享受生活的人，小時候在香檳區長大，後來在巴黎的街頭當過皮草貿易商。馬諦斯和畢卡索等人在「美好年代」的高峰期狂歡作樂時，尤金也遊走在巴黎的社交圈。那些值得慶賀的年代需要一支很棒的香檳，於是尤金便挺身而出。他在 1905 年創立沙龍香檳，發誓只用最棒的葡萄和最棒的年份製造香檳。他的第一款年份酒據說只送給親友，1921 年的香檳則開放販售（無獨有偶，對手香檳王也在同一年初次登場）。

直到今天，沙龍仍舊忠於他的理念。他使用的葡萄來自梅斯尼（相當於香檳葡萄園之中的第五大道），而且自從 1905 年首次推出年份酒以來，每 10 年都不會推出超過 5 款。沙龍香檳酒至今還是沒有什麼「夠好就好」，只有最好。

此時還在瑞士專利局上班的愛因斯坦，發表了四篇論文，大大轉變我們對宇宙的認識，其中一篇論文提到——沒錯——$E=mc^2$ 這個公式。看到這個，可別給經營副業的自己太大壓力啊。

說到相對論，1905年對牙科手術來說可謂是好的一年，也可以算是不好的一年，端看你怎麼想。德國化學家阿爾弗雷德·艾因霍恩（Alfred Einhorn）合成了奴佛卡因；在那之前，最常使用的局部麻醉藥是古柯鹼。

在這年裡，第一家「5分劇院」（nickelodeon）在賓州的匹茲堡開張，它的名稱結合希臘文的「劇院」和入場票價「5美分」。沒多久，5分劇院便在全美各地快速竄起。

1905

完美的混釀：
多年份葡萄酒

假如你想買香檳，但是沙龍不在你的預算內，那麼你很有可能會在酒標上看到「MV」或「NV」的字樣，分別表示「多年份」（multi-vintage）和「無年份」（non-vintage），意即那一支酒瓶的葡萄不是都在同一年採收。在氣候變遷以前，香檳區氣候寒冷且難以預測，因此生產者如果希望每年都做出一些酒，就得將多個年份混在一起，以確保數量和平衡風味。

這背後的邏輯是：天氣會改變酒的味道，這就表示年份酒會表現出那一年的悶熱夏天、霧霾天空或滂沱暴雨。某些年份製出來的酒口感多汁且帶有果醬風味，某些年份則會不夠平衡、很酸，如果幸運的話，可能還有幾年是很完美的。對許多人而言，這樣的變異不僅值得慶賀，也是葡萄酒存在的根本理由：每一支酒都是一個時空膠囊。但，如果你想要品質比較一致平衡的酒呢？生產者透過製造 MV 和 NV 葡萄酒時的慎重選擇，可藉此宣告：「這

就是我心目中的理想葡萄酒味道。」

香檳有時會用到一種混釀方法，借鏡於安達魯西亞生產者製作雪利酒所使用的索雷拉陳釀系統。製造雪利酒時，木桶會堆得高高的，最舊的酒桶在最下面，越往上越新。每次從最底下的木桶取酒，你就要從上一層的木桶補回相同的量，就這樣一層補回一層。不過，香檳沒有用到一整組木桶，貯藏的酒通常是保存在單一個大桶子裡。不管是哪種方式，這種永久收集的技巧會讓最年輕的酒也擁有年份老上許多的酒所具備的成熟複雜度。

儘管這個地區的天氣正不斷改變，絕大多數生產的香檳（約 3/4）仍是 NV。有一些生產者也開始試著將靜態葡萄酒混合多個年份，如加州的克里斯·豪厄爾（Chris Howell）、西班牙的維嘉西西里酒莊（Vega Sicilia）和智利的威帝偉士酒莊（Valdivieso）。

騎師與馬

關於香貝丹的幾個事實：

這是法國布根地產區北部某座葡萄園的名字。

它每年的產量總共約 6 萬支，非常少。

那裡的土壤主要是石灰岩。

拿破崙喝不膩這些酒。

那座葡萄園種植的品種是黑皮諾。

假如你記不住這座葡萄園的其他資訊，一定要記住阿曼盧梭酒莊是從古至今最偉大的生產者。

盧梭家族的名號在 1919 年第一次出現在香貝丹的酒瓶上。酒標上面寫了「Vieux Plantes」兩個字，直譯就是「老欉」。在這裡，「老」跟多少年無關，而是某種品質的保證：葡萄藤越老，做出的葡萄酒越好。這個字眼是這個家族早期的宣傳手法，要讓大家知道他們的香貝丹是用最好、最老的東西製成的，比其他的葡萄酒都還要好。事實的確是如此。雖然香貝丹整體而言是一座很棒的葡萄園，但盧梭家族卻是一直把這塊土地帶向崇高的地位，就像騎師和他的馬一樣。賭這匹馬，你絕對不會輸。

———

也有其他葡萄園在自己的名稱中加了香貝丹幾個字，有一些雖然品質也很卓越，卻從來沒有紅起來，包括：

- 香貝丹 – 貝日園（Chambertin-Clos de Bèze）
- 夏貝爾 – 香貝丹（Chapelle-Chambertin）
- 夏姆 – 香貝丹（Charmes-Chambertin）
- 格里歐特 – 香貝丹（Griotte-Chambertin）
- 拉提歐爾 – 香貝丹（Latricières-Chambertin）
- 馬立 – 香貝丹（Mazis-Chambertin）
- 呼修特 – 香貝丹（Ruchottes-Chambertin）

世界各國領袖簽署《凡爾賽條約》，正式結束第一次世界大戰。美國拒絕承認該條約。

美國總統伍德羅・威爾遜（Woodrow Wilson）將大峽谷設為國家公園。

一個巨大貯存槽爆炸，導致大量糖蜜以時速56公里衝過波士頓的一個社區，害死21人。在之後的幾十年間，每到炎熱的夏天，居民仍聲稱聞得到糖蜜的味道。

1919

超酷的葡萄園

「要是這幾面牆會説話……」是在地板黏答答的老酒吧或音樂表演場地回憶往事時，常常會説的一句話。但，沃爾內公爵園的牆壁不會講八卦或酒醉糗事，而是透過葡萄述説自己的歷史。公爵園是一座築有牆壁的葡萄園，其石牆可以回溯到 16 世紀。這些牆的建造目的是要把特別優異的土地圍起來。昂傑維爾家族已經擁有公爵園好幾百年，但是第一款用這個家族的名稱發行的年份酒卻是 1920 年。

當時，布根地只有另外幾個葡萄種植者會自己裝酒，更常見的做法是釀酒合作社，也就是農夫把葡萄賣給酒商（négociant）。這些酒商負責生產葡萄酒（混製多位農夫的葡萄酒）和銷售成品，最後分一些利潤給每位農夫。公爵園的所有人塞姆・德・昂傑維爾（Sem d'Angerville）勇於挑戰掌管布根地的酒商，跨出大膽的一步，以自己家族的名義製酒和賣酒，而非選擇比較輕鬆但比較沒有成就感的道路──把酒賣給酒商。塞姆對家族在沃爾內的土地很有自信，到頭來這場賭注也賭贏了。雖然這些酒現在每年一公開就完售，但他們可是花了將近 100 年投入在家族的土地上，才做到了這一點。

今天，跟隨祖父和父親經營家族酒莊的腳步，吉庸・德・昂傑維爾（Guillaume d'Angerville）繼續保留了這塊土地的傳統。在成功的銀行家生涯後，他回到家鄉沃爾內的公爵園牆內，繼續製造布根地最溫和也最撫慰人心的紅酒。

1月17日午夜鐘響之後，美國禁酒令開始，要直到1933年才會正式結束。

美國憲法第十九條修正案獲得認可，終於賦予女性投票權。

發明冰淇淋挖勺的阿爾弗雷德・克勞爾（Alfred L. Cralle）去世。他的設計到今日仍被使用。

1920

你是我的唯一：
單一葡萄園葡萄酒

酒標上列出的地理區域越明確，葡萄來自的土地範圍越小，葡萄酒的品質通常也越高。假如你正在閱讀的酒標上面寫「取自歐洲的葡萄」，請趕快跑。大部分的葡萄酒都能追溯到一個地區的幾座葡萄園。標明「Estate」或「Domaine」的葡萄酒全部都是用製酒商持有的葡萄園所種植的葡萄製成的，而像公爵園這樣的「單一葡萄園」葡萄酒又將明確的程度帶到更高的層次：所有的葡萄都必須來自經由法律標出界線的單一塊土地。這種酒很少見，但隨著人們對風土的興趣提升了，單一葡萄園葡萄酒的數量也有所增加。

這些酒是以下這個概念最純粹的展現：葡萄生長在略微不一樣的土地上，因日照／水份／風的程度和排水都略微不一樣，做出來的葡萄酒便會有不一樣的味道。以此類推，這些酒也體現了葡萄園的原料本身就很值得珍視。就好比有些公寓比較貴純粹是因為所在地的郵遞區號，有些葡萄酒被認為比較高檔，純粹是因為它們的葡萄種在哪裡。

這種看法（和訂價制度）是布根地的根本，因為那裡的酒是根據土地、而非生產者來分級的。布根地葡萄園被分成特級園和一級園的做法，在 1930 年代立法通過，但是土地其實早在 14 世紀就被僧侶分級和命名。

但是，有一點很重要，那就是根據土地來排序葡萄酒並沒有考量到製酒商的品質。我只能說，很棒的葡萄製出很糟的酒是有可能發生的。

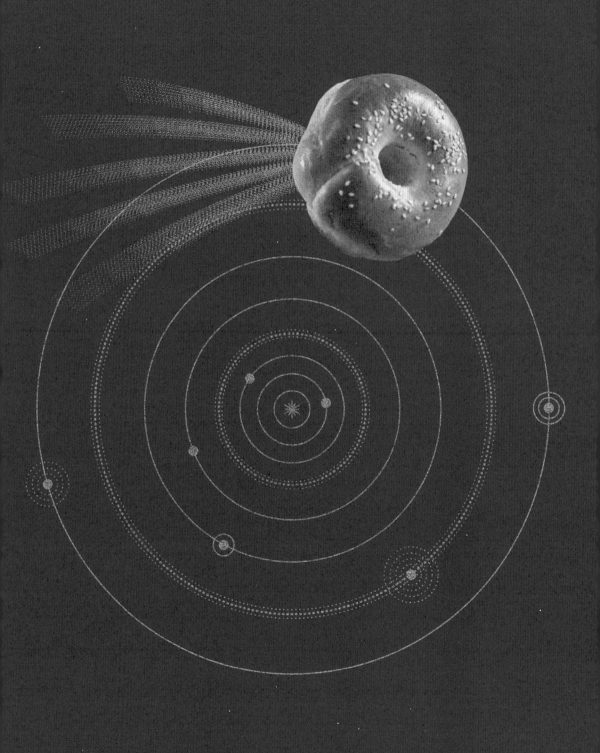

香檳王的第一支酒

網際網路出現以前的生活是什麼樣子，人們很難想像，這就好比葡萄酒產業很難想起香檳王——高級葡萄酒當中行銷最成功的葡萄酒——還沒有出現以前，這個圈子是什麼樣子一樣。香檳王最初是大型香檳品牌酩悅香檳推出的特別款，目的是要紀念 17 世紀一個名叫唐·皮耶·貝里儂（Dom Pierre Pérignon）的僧侶和酒窖總管，因為他是創造香檳的重要人物。他是第一個使用紅葡萄製作白酒的人（這現在已經很普遍），而且據說他偶然發現酒瓶中會自然產生氣泡，讓靜態葡萄酒出現香檳酒為人所熟知的氣泡。但，這個特別款的內容其實跟酩悅量產的產品一模一樣，只是在推出前多陳年了一段時間以增加複雜度，然後裝進懷舊風格的酒瓶、貼上不同的酒標。這種給豬（儘管這是一隻非常美味的豬）塗口紅的策略一直延續到 1943 年，香檳王才變成獨樹一幟的混釀酒。

酩悅 1921 到 1943 年之間推出的酒，比他們現在運到世界各地的酒，品質好上許多。酩悅現在是這種酒最大的生產者，但他們認為把香檳送到最多人手中才是重要的，酒的味道優不優質則是其次。幸好，他們的香檳王是例外。在奢華亮眼的外表下，香檳王依然是高品質的香檳，值得讚揚與收藏。

這一年，瑪麗·謝爾曼·摩根（Mary Sherman Morgan）誕生了，她長大後發明航空燃料，讓美國第一顆衛星成功進入地球軌道（她想把自己的發明取名為「貝果」，因為推進器使用的是液態氧〔LOX〕，又有「醃鮭魚片」的意思，但是美國軍方沒有跟她一樣的幽默感）。

法國酒保費南德·佩蒂奧（Fernand Petiot）據說在巴黎的一間紐約酒吧工作時，發明了血腥瑪麗這款調酒。這間酒吧是海明威、香奈兒和沙特的最愛，後來以另一位酒保的名字重新命名為哈利紐約酒吧。

「冷火雞」（cold turkey）這個英文片語首次出現在印刷品，意思是「戒掉癮頭」。這幾乎可以肯定是從「說火雞」（to talk turkey）這個說法演變而來，意思是誠實告訴某人一件事。

1921

不復存在的高帝秀

收集葡萄酒的好處之一，就是有機會依序品嚐特定一款酒每個年份的風味，好比追隨你最喜歡的球隊完成每一季的比賽。葡萄藤的年紀相當於球員名單的品質，變化的天氣就像是受傷和停賽的狀況，製酒商的雙手當然就是教練或經理，把這一切團結起來。此外，就像一個剛躋身為億萬富翁的人會虎視眈眈盯著老闆準備離職的球隊那樣，酒莊也會尋找併購的機會。

1929 年，羅曼尼康帝酒莊正在籌劃葡萄酒世界最偉大的一場交易，企圖從利捷貝勒女伯爵手中買下拉塔西葡萄園的一大塊土地。當時，利捷貝勒家族已持有這座傳奇葡萄園超過 100 年，該園位於勃艮第的沃訥羅曼尼，跟羅曼尼康帝酒莊的高帝秀葡萄園有所重疊。不用說，利捷貝勒家族當然很不高興有其他製酒商把拉塔西的酒標貼在酒瓶上，使用的葡萄卻不位於拉塔西原始的範圍內。針對名稱的使用（後來法律有訂出相關規定），雙方發生了各種爭執、訴訟和鬧劇。因此，1929 年羅曼尼康帝酒莊推出高帝秀葡萄酒時，採用的葡萄園生產的酒現今只會以拉塔西的名稱販售。這是因為後來羅曼尼康帝酒莊訴求成功，當地政府將他們持有的所有葡萄園都稱作拉塔西。雖然併購拉塔西對他們的葡萄酒品質有幫助，但沒有任何拉塔西葡萄酒比之後再也不曾生產的 1929 高帝秀更吸引人。

咆哮的20年代因為黑色星期四戛然而止，之後又發生許多次重大股災。往好處想，經濟大蕭條被認為加快了禁酒令的終結，因為美國政府再也不能合理化實施這個不受歡迎的法令所需要的花費——此外，這時候大家都很需要喝點酒。

玩具銷售員愛德溫·羅威（Edwin S. Lowe）在亞特蘭大附近的一場嘉年華撞見了一個稱作「賓諾」的遊戲。他很感興趣，便把那帶回紐約。他的朋友贏了遊戲後非常興奮，不小心大喊「賓果！」這個名稱就這樣沿用至今。

貝爾電話實驗室進行了史上第一次的彩色電視機示範，使用郵票大小的螢幕放映美國國旗、吃西瓜的男人和一顆鳳梨的影像。

1929

傲慢與波特

姑且不論波特酒的起源地和名稱，這種酒其實更算是英國酒，不是葡萄牙酒——英國人在 17 世紀因為抵制法國，出於需要而發明了波特酒。採收葡萄和製酒的地點是葡萄牙，但酒卻是英國運輸商賣的。英國佬很熱衷這種又甜又稠的液體，只要給予足夠的時間，這會從類似櫻桃的糖漿，轉變成帶有細微草本植物和一點紅茶風味的酒。我們今天在那些矮矮胖胖的深色瓶子上看見的名字，很多都是當初的那些英國佬，包括我是、葛拉漢、道斯、泰勒等等。這種飲料甚至還體現了英國社會的階級制度，有吃苦耐勞的紅寶石波特酒，也有具備王者風範的酒瓶（單一酒莊年份波特酒）。

不同類型的波特酒跟生產者陳年葡萄酒的時間以及葡萄的產地有關。葡萄牙斗羅河谷的波特酒生產者通常不自己種葡萄，而是用買的，算是一個量勝於質的做法。紅寶石波特酒陳年的時間最短，可以使用葡萄牙幾乎任何地方出產的葡萄混釀而成。這種酒沒有很複雜的風味。另一方面，單一酒莊年份波特酒則必須使用某一年從某一座葡萄園採收的葡萄。年份波特酒大概 10 年只會出現 3 次，所以這是好東西。

若要說哪一款波特酒相當於統治巔峰期的伊莉莎白二世女王，那絕對是 1931 年的諾瓦國家園。這是波特酒的酒中之酒。葡萄根瘤蚜蟲摧毀了幾乎全歐洲的葡萄藤砧木（參見第 24 頁），但是諾瓦國家園卻有一小塊地全身而退。這款經典波特酒就是用這些古老本地的葡萄藤製成的。國家園這個稱呼便是在向這些堅韌的百年老藤致意。

紐約的帝國大廈在興建 410 天後正式開放，成為世界上最高的建築物，直到 1970 年才被世界貿易中心的北塔所超越。

美國總統赫伯特・胡佛（Herbert Hoover）簽署一項法案，將〈星條旗之歌〉變成美國國歌。這首歌的旋律最初來自英國的飲酒歌。

中國移民之子鄭艾力（Ellery J. Chun）大學畢業，接著便回到檀香山經營家族的乾貨店鋪。他注意到當時很流行的多彩服飾，便開始將色彩鮮豔的和服布料剪裁成襯衫販售，且在 1936 年註冊「夏威夷襯衫」此商標。

1931

甜得跟糖一樣：
甜點酒

在大探險時代期間，海洋大國準備進行跨大西洋之旅時，每位水手心中都有一個很迫切的問題：我們在船上要喝什麼？狂亂的大海和炎熱的赤道很容易把葡萄酒變成葡萄醋，而且當時也尚未有適當的保存和冷藏裝置（參見第 20 頁）。所以，葡萄酒想要在長達數個月的航程中保鮮，就得是很特別的酒才行。

加烈葡萄酒登場。這是一個統稱，專指酒精和含糖量都很高的葡萄酒。超過一定的酒精濃度之後，酵母就無法存活，因此任何可能轉變成酒精的糖分都維持原樣。波特酒和雪利酒都是加烈葡萄酒。剩餘的糖分和第一次發酵後額外添加的酒精會起到防腐的作用，把有機體當中可能汙染葡萄酒的水分榨乾，透過蠻力使入侵者脫水。這也是蜂蜜為什麼從古代就被當作防腐劑的原因。雪利酒在 1492 年成功跟著哥倫布航行到美洲，麥哲倫出航時也有帶上一批，使它成為第一種環遊世界的酒──假如到最後還有喝剩的話。這些甜酒不但不會隨著時間變質，很多甚至會變得更美味。例如，在摩洛哥外海的葡萄牙殖民地馬德拉製成的同名酒在前往美洲的旅程中晃來晃去，反而變得更加可口滑順。馬德拉酒透過煮葡萄的方式使它不可能腐敗，因此直到今天，你還是可以相對容易找到18 世紀不錯的馬德拉酒。

甜酒在陸地上的歐洲人之中也相當受歡迎，因為糖在當時是昂貴的奢侈品。最極致的貴族甜酒當屬托卡伊葡萄酒，這是在匈牙利製造的甜酒，方法是將葡萄留在藤枝上，希望一種普遍稱為貴腐的真菌可以滋生。在貴腐黴滋生的過程中，真菌會把葡萄裡的水分吸光，使其變成葡萄乾，濃縮風味之餘，還會增添薑和蜂蜜的味道。這只會發生在很幸運的年份，條件必須恰到好處才行。托卡伊酒強烈的甜味使它成為「酒之王、王之酒」，這是太陽王路易十四說的。

然而，在之後的幾百年間，這些曾是世界上最重要的餐後酒的甜酒漸漸變得跟菜市場名字一樣過時。保存葡萄酒的技術改善了，運送和陳年不甜的葡萄酒也變得可能。其他國家拙劣的仿效也傷害了這種酒的名聲，而人們對奢侈的定義也改變了。隨著人們的口味從充滿奶香的厚重飲食改為以辛香料為主的輕盈料理，對於飲品的喜好自然也轉換了。近年來，為了重振甜酒的地位，無計可施的蘇玳酒生產者嘗試在新潮的巴黎酒吧將自家產品配上沛綠雅氣泡水，但是整體而言，他們的黃金時期已經成為過去式。

美國解禁與李奇堡

第一次世界大戰後的那段時期對葡萄酒產業來說很不錯，開始在波特酒、香檳、波爾多的範疇之外生產高級葡萄酒。然而，有一個地方卻沒有跟著興旺，那就是美國，因為這裡從 1920 到 1933 年實施了禁酒令。在這段時期，美國葡萄園的生存之道就是販賣教會使用的聖酒、DIY 葡萄酒材料組（只賣給男性），當然還有敢承擔風險的人願意購買的私酒。禁酒令在 1933 年的年底解除後，存活下來的少數加州製酒商（鷹格努、查爾斯克魯格、美麗莊園、貝林格酒莊）已經跟以往不一樣了。他們在解除禁令後推出的第一款年份酒—— 1934 ——普普通通，但是這總比沒酒喝好。至少，14 年以來，加州製酒商的眼前第一次毫無阻礙，只有機會。好吧，除了機會，還有一場龐大的經濟衰退要應付。

同一時間，法國的羅曼尼康帝酒莊推出布根地有史以來最棒的酒：1934 年的李奇堡老品種（Vieux Cépages）。整體來說，羅曼尼康帝酒莊的葡萄酒名錄就像昆西．瓊斯（Quincy Jones）的專輯列表一樣，獲得的讚譽無人可比，稍微熟悉該領域的人都崇敬不已。可是，他們的 1934 李奇堡老品種在葡萄酒世界真的是無可匹敵，只生產 100 瓶左右。雖然李奇堡葡萄園通常都被羅曼尼康帝酒莊更知名的羅曼尼康帝和拉塔西葡萄園的光環給蓋過，尤其現在他們的葡萄藤已經重新種植，但是過去那些葡萄根瘤蚜蟲災害前就已存在的老藤確實是獨一無二。原本的葡萄藤釀成的酒，在色澤、風味和複雜度方面都比今天的新藤釀成的酒還要強烈。在 1934 年，這個製酒商將老藤的葡萄另外裝瓶，創造出這款稀有的年份酒。

在世界各地湧現一波獨裁浪潮的時候，希特勒在這一年宣布自己為「元首」（Führer）。

《每日郵報》刊登一張尼斯湖水怪的照片，「證明」其存在。

紐約哈林區的阿波羅劇院在一場抵制滑稽諷刺劇的運動中曾經被迫關閉，現在又重新開張，舉辦了第一場業餘之夜比賽。

1934

好傷：
禁酒令的影響

在禁酒令期間，人們雖然有可能偷喝酒，但是在解禁後，這對美國的葡萄酒產業已造成深遠影響：大家已經忘了如何品酒。

在禁酒令之前，美國的飲酒文化可以跟歐洲媲美。美國人每一餐都會喝酒，工廠甚至還會安排讓工人飲酒的時段。此外，西岸的葡萄酒產業也很蓬勃發展。起初，需要用到聖酒的西班牙傳教士從舊世界帶了一些葡萄藤，在美洲各地走到哪裡、種到哪裡。這些後來被稱作傳教葡萄，相當堅韌抗旱，很適合生長在美國西南部。

然而，第十八項修正案的細節起草為沃爾斯泰德法並通過後，一切都變了。絕對禁酒主義者獲勝，美國變成滴酒不沾的國家。製酒商驚慌失措，急著想找出生存之道，有的將製酒葡萄改成食用葡萄或葡萄果醬，有的將葡萄藤連根拔起，改種酪梨和核桃，有的則乾脆關門大吉。在原為製酒第二大州的密蘇里州，幾乎所有的酒廠都關了，而那些因為鑽漏洞而倖存的製酒商（貝林格製造 DIY 葡萄酒材料組的脫水葡萄磚——就是字面上的意思；喬治·德·拉圖〔Georges de Latour〕找到

聖酒這條路；還有幾間抓住限額處方酒精的商機）也沒全身而退。數百萬英畝的原生和傳教葡萄被剷除，改種阿利坎特，這個品種果肉是紅色的，汁液顏色深到幾乎呈現紫黑色。這非常適合製作葡萄磚，你可以將等量的葡萄用水稀釋，再加入糖，製成兩倍分量的葡萄酒。問題在於，這些酒都很難喝。

所以，等到大家都可以合法飲酒了，反而沒人想再碰葡萄酒。可以喝蘭姆酒和波本威士忌，誰想喝噁心的酒精果汁？美國人真的想喝葡萄酒，都是想喝甜得要命的那種（我就是在說你們，瑪德露和粉紅騎兵）。到了第二次世界大戰，士兵認識了歐洲人的生活方式，其他美國人才想起來葡萄酒不只這些。整體而言，美國人直到1960年代晚期才慢慢懂得喝干型紅葡萄酒（不甜的紅酒），這樣也好，因為製酒商也花了好幾十年修補阿利坎特帶來的傷害，重新栽培優良的品種。

比烹飪用葡萄酒還好

在 20 世紀對葡萄酒世界來說（對人類社會恐怕也是）最重大的變化
——第二次世界大戰——發生以前，1937 年是歐洲最後一個很棒的年
份，因為隔年天氣不好，而 1939 年戰爭爆發時，大部分的葡萄都還沒
有採收。對布根地而言，1937 年特別優異。那年天氣十分理想，葡萄酒
一推出，就可以清楚知道這些層次結實的葡萄酒有數十年的陳年潛力。

1930 年代的布根地出了很多日後變成超級巨星的製酒商。喬治·胡米
耶（Georges Roumier）、雷勒·恩格爾（René Engel）、亨利·古爵（Henri
Gouges）和昂傑維爾侯爵（Marquis D'Angerville）等未來的傳奇人物此
時都還在生涯初期。這些年輕人打破了無論品質好壞，以低價大量賣酒
的常見做法，只要葡萄的品質不是最好的，或者是發酵過程出錯，他們
就不賣。在當時，這種在乎、細心和不計成本的程度極為罕見。

米歇爾·拉法吉（Michel Lafarge）是其中一位眼光獨到的年輕製酒商。
1926 年的收成雖然很棒，但是由於經驗不足，他那年慘敗了。然而，
他沒有把酒賣掉，毀了家族製酒商的名聲，而是把每一瓶製好的酒拿來
煮一大堆紅酒燉雞。1934 年，米歇爾終於做出他認為配得上家族名譽
的酒；3 年後，他的 1937 年更是非凡。那後來成為這個酒莊有史以來最
棒的一款酒。儘管拉法吉 1940 年就去世了，他製作古樸經典葡萄酒的
精神依然不滅。拉法吉的酒在當時沒有追逐潮流，現在也沒有。

現代生活加工過度的現象
在這一年達到了巔峰：杜
邦化學公司申請了尼龍的
專利；午餐肉罐頭也初次
登場。

畢卡索繪製了〈格爾尼
卡〉，讓全球注意到西班
牙內戰。

迪士尼第一部動畫片【白
雪公主】的首映日跟知名
童書作家蘇斯博士第一
本書的上市日一樣，都在
1937年12月21日。

1937

加州的第一個巨星

熬過禁酒令後，在第二次世界大戰爆發前夕，那帕谷美麗莊園的主人喬治·德·拉圖到法國旅行。他的目的很簡單：做出更好的酒，從禁酒令的傷害中復甦。他向在法國接受訓練的俄羅斯籍難民安德烈·切里奇切夫（André Tchelistcheff）求助，對方在喬治來訪後，於 1938 年搬到那帕谷。切里奇切夫抵達後，品嘗了一瓶拉圖平常只留給家人喝的「私藏」。切里奇切夫的第一個建議是：不管那是什麼，生產更多就對了。

在經過切里奇切夫的指導和製酒之後，拉圖在 1940 年推出第一款商業私藏年份酒。這款年份酒使用了改良過的生產技術，包括在發酵過程控制溫度，結果替那帕谷和整個美國葡萄酒圈子塑造新的里程碑。切里奇切夫為美國葡萄酒產業帶來了永久的改變。從那一刻開始，加州葡萄酒便不斷向上攀升——不過，美麗莊園在 1969 年被大企業併購後，品質快速下滑。後來，酒莊又被併購和出售多次，因此這個製酒商的葡萄酒值得留意的時期只有 1940 到 1968 年那段時間。

第二次世界大戰爆發一年之後，德國轟炸機開始對英國城鎮展開了空襲轟炸行動。

位於喬治亞州亞特蘭大近郊的奧格爾索普大學封起一個面積為186平方公尺的時光膠囊，預定在西元8113年開啟。這個「文明窖藏」裡面放了書、灰狗巴士的玩具模型以及墨索里尼、大力水手和呼叫豬隻比賽冠軍得主的錄音。葡萄酒沒有被收錄，但倒是有一只葡萄酒杯。

墨西哥作曲家康蘇爾洛·維拉斯科斯（Consuelo Velázquez）創作的〈深情地吻我〉第一次被錄製下來。這首歌之後會成為史上最多人翻唱的西班牙語名曲。

1940

第二部分
舊世代的學派
（戰後到 1989 年）

第二次世界大戰是一場龐大的悲劇，這不容置疑。戰後，製酒商一致認為自己的葡萄園在那 6 年有所進步。首先，科技取得進展，使農夫得到汽油和電力驅動的機具，還有為農業難題帶來舒緩的殺蟲劑和化學肥料。全球貿易路線變得流暢，因此大量工藝商品開始在世界各地流通，包括小型生產者製造的葡萄酒——這都要感謝那些開疆拓土的美國進口商如羅伯特·查德登（Robert Chadderdon）、貝琪·瓦瑟曼（Becky Wasserman）、克米特·林區（Kermit Lynch）和李奧納多·洛卡齊奧（Leonardo LoCascio）。進口市場擴張，再加上消費者對不同地方的風味越來越好奇，導致人們不僅將葡萄酒視為技術產品，也當成奢侈商品看待。人們開始喝其他地區生產的酒，「上餐館吃飯」的概念也流行起來，意味著有更多好酒出現在更多餐桌上。

戰後，大部分製酒人依然同時身兼農夫和酒商的身分。這是第一個成功實踐有機和生物動力農法的世代，儘管大部分的人都還是維持先人的製酒方法。許多不同地區的酒廠都在實驗這些創新農法，關注自己對土地造成的影響，因此獲得不少敬意。在義大利、布根地和加州等地區，出現了第一批聲名大噪的製酒商。

這個時期的葡萄酒現在是加倍珍貴，因為今天已經不可能再複製同樣的酒。這是因為，戰後這些優秀的製酒商不需要應付 20 世紀所面臨的最大製酒挑戰：氣候變遷。

1/600

就像暴風雨過後露臉的陽光，戰後的第一個年份—— 1945 年——是法國有史以來最棒的年份之一。撇開譬喻不說，1945 年確實出現相當充足的陽光，跟 1944 和 1946 年多雲雨的天氣大相逕庭。

簡單來說，在這個時期，最頂尖的年份就是天氣最暖和的那些年（別忘了，這時還沒有全球暖化現象，因此暖和的天氣還很適度，是一件好事）。陽光普照的季節會賦予葡萄足夠的糖分，使其從酸澀轉為豐滿。炎熱的年份可以產出更多這樣的甜美葡萄，進而製造更多葡萄酒、賺進更多錢，讓人們有理由好好慶祝。

雖然這一年有很多酒都非常棒，但有其中一款的名聲比其他還要好，那就是 1945 年羅曼尼康帝酒莊用羅曼尼康帝葡萄園製成的酒。在一本關於歷史上最值得紀念的葡萄酒的書籍中收錄這款酒，就像是在說艾瑞莎‧福蘭克林（Aretha Franklin）和披頭四對音樂史很重要一樣。〈Respect〉和〈I Want to Hold Your Hand〉永遠都是經典名曲，而這款酒也永遠都會受到每一位鑑賞家的崇拜，儘管大部分的人從未真正品嚐過，包括本書的作者。做出這款年份酒的葡萄是來自那些奇蹟似的稀少生還者——在原本未受到葡萄根瘤蚜蟲侵襲的法國樹根上生長的葡萄藤。可是，這些老藤這時候長出來的果實已經很少了，因此總共只能生產 600 瓶葡萄酒，跟平常上市的數量差了 10 倍。這款年份酒當然是很棒，但其珍稀性也是使它如此寶貴的因素之一。1945 年之後，由於產量實在太少，這些葡萄藤被拔除，改種另外一種砧木。這座葡萄園要等到 1952 年才會生產下一款年份酒。

1945 年的天氣這麼理想，羅曼尼康帝自然不是唯一一款優越的葡萄酒。例如，波爾多收成的葡萄風味馥郁，製成的年份酒擁有陳年很長一段時間的潛力（參見第 62 頁）。這樣的預測非常準確，由頂級酒莊製造的 1945 波爾多如果尚未開瓶，到今天仍會非常清新、充滿活力。這些傳奇葡萄酒竟能同時具有絲滑和黏稠的口感，並有著經典的菸草、香料櫃和苦味巧克力的香氣。

事實上，1945 年揭開了這個地區很長一段時間出產絕妙葡萄酒的序幕。很多人認為這是木桐、歐布里雍和彼得綠最棒的年份，但是 1945 真的有比 47、49、53 或 59 年更好嗎？很難說。戰後這幾個經典的波爾多年份酒絕對不會令你失望。

在戰場上逆轉情勢的神奇黴菌液盤尼西林終於能生產出足夠的量，讓美國人可以在各大藥局購買。

戰爭結束後，美國政府將 88 位德國科學家帶進國內，協助推行火箭計畫。只能說，檢查身分背景沒有被看得很重要。

密西根州的大湍城是美國第一座將飲用水添加氟化物的城市。結果，蛀牙發生率降低了 60%。

1945

酒齡只是個數字：
老酒

陳年許久的葡萄酒就像一杯茶，充滿草本植物氣味，有的甚至帶有香料味。這些土壤、花香、皮革、雪茄似的風味，還有乾草、石頭、香菇等後來出現的味道，被稱作葡萄酒的第三層風味，等到第一層（果香、果醬）和第二層（橡木、奶油）風味消退後，才會漸漸出現。例如，一支美麗的布根地老酒年輕時可能具有莓果味，但在熟成巔峰期卻有花香和鹹鮮的風味。

幸好，葡萄酒並不會在達到顛峰後，隔天馬上墜落谷底。葡萄酒是慢慢臻至完美，達到最大的複雜度、理想的口感、柔和舒服的單寧感和平衡的酸度，至於衰退也是同樣緩慢地式微。所謂的科茨熟成定律便說，葡萄酒停留在理想狀態的時間跟它抵達理想狀態所花費的時間一樣久。然而，尋找每一款年份酒的巔峰期是一門藝術，

無法用科學判定，而且這個階段從何時開始跟個人喜好大有關聯。比方說，英國人傳統上比較喜歡老一點的香檳——少一點氣泡、多一點餅乾味，但是法國人希望喝到的香檳卻是要跟李奧納多的女朋友一樣，年輕又充滿活力。（也很值得注意的是，有些酒在年輕果香味和熟成巔峰期之間是很難喝的，這稱作「封閉期」。每個人難免都會經歷這樣的尷尬階段。）

過了熟成巔峰期之後，葡萄酒便開始退化。年輕的酒如果有太多單寧可能會很澀，給人皺起臉的乾澀感，但是陳年過久造成單寧喪失太多，則會導致酒缺乏層次。太老的酒喝起來會毫無生氣、枯燥乏味。陳年不佳和壞掉的酒可能會出現伍斯特醬、醋和淋濕的狗等風味。

不對的河岸做出對的酒

1947 這個年份出名到一間位於古瑟維的米其林三星餐廳使用這個年份做為餐廳的名稱和靈感來源。如果說這樣選不夠，1947 這間餐廳所隸屬的五星級飯店也是以那年最頂級的葡萄酒「白馬堡」命名的。因此，應該不用多說，就能知道 1947 年的白馬堡有多麼高級。

白馬堡在那之前不會讓人聯想名流人士、高級餐廳及精緻料理。儘管在 1920 年代出過一些成功的年份酒，這間酒莊要到這一年才真正出名。這間酒廠位於聖愛美濃這個小鎮，在傳統派的眼裡等於是位在波爾多兩條河流錯誤的那一邊。拉菲堡、拉圖堡、瑪歌堡和木桐堡等生產者全都是以種植卡本內蘇維濃為主，位於加倫河的南邊，是左岸的傳奇。然而，聖愛美濃座落在多爾多涅河的北邊，被視為右岸，那裡主要的葡萄品種是梅洛和卡本內弗朗。這些品種生產的葡萄酒沒卡本內蘇維濃葡萄酒醇厚，再加上右岸比較沒有「大咖」的生產者，導致許多人認為右岸比較低等。

在 1947 年，就連最傲慢的左岸支持者也沒辦法辯駁的一件事就是天氣。溫暖的天氣賦予白馬堡的葡萄先前鮮少達到的甜度，而糖分的提升造成的結果，便是一款精錬強勁的葡萄酒，它的風味在歲月中優雅地熟成，展現出卓越的品質。不過，這款 1947 年份酒現在不是因為味道而出名，純粹是因為長久以來它一直被視為是最棒的。俗話說「富者愈富」，就是這個道理。

下面這些右岸波爾多酒莊也跟白馬堡一樣，在 1947 年經歷同樣很棒的天氣，但是儘管風味絕佳，卻沒有獲得同樣的國際注目：

- 歐頌堡（Château Ausone）
- 拉圖玻美侯堡（Château Latour à Pomerol）
- 艾格麗絲克里內堡（Clos L'Eglise Clinet）
- 老色丹堡（Vieux Château Certan）

統治印度將近一百年後，英國人終於走人了。

一座大農場的主人 W・W・布萊索（W. W. Brazel）聲稱有一個神祕的「碟狀飛行物」墜落在他的土地上。隔天，公關部門的軍官證實軍方成功尋獲飛碟，但是又很快地撤銷了這則消息。

查克・葉格（Chuck Yeager）成為正式突破音障的第一人。他其實不能告訴任何人這件事，因為你也知道，這是國家機密。畢竟，冷戰就在這年展開。

1947

不是越大就越好

喬治胡米耶酒莊起初只是被當成副業，就好比莫札特為了多賺點錢，兼職當婚禮 DJ 一樣。喬治·胡米耶被認為是布根地 20 世紀最偉大的製酒商，但在他建立起自己的名聲前，他 1920 年代到 1955 年是在更大間的沃居埃喬治伯爵酒莊工作。在那裡工作的期間，有一款酒聲名大噪，那就是出自沃居埃酒莊最棒的葡萄園蜜思妮製成的 1949 年份酒。這款酒擁有極為馥郁濃縮的風味，鞏固了胡米耶身為蜜思妮大師的名氣。被當地人奉為巨星之後，胡米耶的名字變得很有影響力，而這可不是一件小事。當時還沒有多少製酒商和園主會用自己的名字和酒標賣酒，規模較小、偏向農場到餐桌的那種做法具有很大的財務風險，大部分人都負荷不了。但，胡米耶決定自立門戶後，他用沃居埃的酒標販售的完美 1949 蜜思妮特級園葡萄酒因為太有名了，所以能支持他以自己的酒標販售產品，延續好幾個世代。

在整個布根地的所有葡萄園當中，蜜思妮特級園最能夠展現黑皮諾細緻微妙的風味。這間紅酒葡萄園絕對是這整個地區的前 5 名。然而，不像拉塔西或羅曼尼康帝等葡萄園，蜜思妮有 10 個不同的所有者。今天，沃居埃仍然持有將近 70% 的蜜思妮，而胡米耶只擁有 1% 左右。胡米耶持有的那塊不大，每年只能生產約 350 瓶葡萄酒。雖然沃居埃因為持有面積大，所以跟蜜思妮畫上等號，但是蜜思妮最棒的酒是來自胡米耶的手中，他生產的就是最頂級的酒。

事實上，這個時期大部分的絕佳年份酒都被認為品質很好，因為它們非常龐大馥郁。但，不是所有優質的酒都一定是龐大的酒，1949 年的布根地和波爾多便證實了這點。這年的天氣確實相當暖和，但是九月的雨導致葡萄糖分下降，因而產出酒精濃度較低的葡萄酒。1949 年的木桐堡是有些人認為該世紀最棒的一款木桐堡，但是酒精濃度只有 10.7%。葡萄酒的酒精濃度平均落在 12.5% 左右，而且相較之下，近年來備受讚譽的 2016 木桐堡至少也有 13.5%。一般來說，高酒精濃度表示酒很馥郁，酒很馥郁表示陳年潛力高，陳年潛力高表示認定價值高。但，1949 年份酒的精緻和卓越演變卻是個反例。

1949年4月24日，英國結束第二次世界大戰期間的甜食配給制，但這卻造成人們嗜糖過度，因此四個月後又重新實施甜食配給制。

天文學家佛萊德·霍伊爾（Fred Hoyle）在英國廣播電台的節目上發明「大爆炸」一詞。諷刺的是，他其實是在嘲笑這個理論，後來餘生都在反對這個概念。

柏林的赫塔·霍伊韋爾（Herta Heuwer）從駐守在這座城市的英國士兵那裡得到一些咖哩粉，因而發明了咖哩香腸。

1949

澳洲的處女之作

1951 年以前，澳洲葡萄酒沒什麼好說的。公平起見，當時全世界在法國以外的產區幾乎都是如此。這一切都在 1950 年改變了，因為奔富酒莊的製酒師馬克斯·舒伯特（Max Schubert）到歐洲遊歷，受到啟發，希望製造能夠陳年窖藏的葡萄酒。回到澳洲後，他便運用了在拉圖堡、拉菲堡和瑪歌堡等波爾多酒莊觀察到的製酒技巧和葡萄園管理方式。

跟美國一樣，澳洲的葡萄酒大部分都是用法國葡萄製成的。在那裡，他們將希哈稱作希拉滋，沒什麼原因，只是想跟法國種植的葡萄有所區別。希哈做出來的酒永遠都是深色且風味十足，但是在澳洲南部乾燥炎熱的氣候中，成品會特別馥郁，幾乎呈現黑色。

舒伯特憑藉著自己新習得的知識，在那趟改變他的人生、也改變整個產業的旅程過了一年後，製造出澳洲最價值不斐的葡萄酒「葛蘭許」的第一個年份酒。他使用來自不同葡萄園完全成熟、高度萃取的希拉滋葡萄，使葛蘭許樹立了深色濃萃澳洲紅酒的標竿。龐大厚重的希拉滋今天仍是澳洲紅酒的正字標記。

卡爾·傑拉西（Carl Djerassi）、路易斯·米拉蒙特斯（Luis Miramontes）與喬治·羅森克蘭茨（George Rosenkranz）在墨西哥市研發出合成黃體素。這原本是希望可以用來預防流產，後來卻變成避孕藥的重要成分。

海莉耶塔·拉克斯（Henrietta Lacks）在馬里蘭州巴爾的摩死於癌症。在沒有得到她的同意、她的家人也不知情的狀況下，她的細胞被拿去進行培養和研究。有人預估，若將所有從她的細胞系生長出來的細胞放在磅秤上，總共會重達五千萬公噸。

成立於1945年的聯合國搬離成功湖，遷入位於曼哈頓東側的永久總部。

1951

出名的教會

就好比某些童星，有不少葡萄酒剛開始看似前途無量、受到大力吹捧，陳年後卻叫人失望。不過，也有幾支酒起初被認為「還不錯」，後來變得非凡無比。1955 年的歐布里雍教會堡就是那種可以把「最佳女大十八變」這個頭銜帶回家的葡萄酒。它以緩慢安靜卻令人欽佩的方式超越了自己的同儕。評論家羅伯特・派克（Robert Parker）曾說：「即使把偉大的歐布里雍堡和木桐堡算進去，1955 年的教會堡仍是這個年份最好的酒。」

那麼，這款酒推出時為何沒有放煙火？沒有大肆慶祝絕對跟它的風味或層次無關。簡單來說，就只因為歐布里雍教會堡不是來自波爾多更為人所知的梅多克產區。假如將梅多克比喻成莎士比亞，格拉夫就是貝克特；假如將梅多克比喻成愛黛兒，格拉夫就是格萊姆斯。重點是，格拉夫就是沒有那個聲譽。在接下來的這幾十年，有一點越來越清楚：這個地區具有製造卓越葡萄酒的潛能，但卻只有兩間歐布里雍酒莊曾經實現——歐布里雍教會堡和它的鄰居歐布里雍堡（參見第 131 頁）。

15歲的克勞狄特・柯爾文（Claudette Colvin）在阿拉巴馬州蒙哥馬利的公車上拒絕讓座給白人乘客，比羅莎・帕克斯（Rosa Parks）的事蹟早了9個月。克勞狄特因此被警察拉下公車逮捕。

奶昔攪拌機推銷員雷・克洛克（Ray Kroc）開了麥當勞的第一間加盟連鎖分店。一年前，他發現南加州有個餐廳客戶下了一大筆訂單，因此深入了解——那正是麥當勞兄弟經營的速食店。

這年年初在德州和密西西比州的高中體育館演唱的貓王，到了年底已成為音樂界最炙熱的新星。

1955

巴托羅的強大力量

法國的高級葡萄酒生產雖然在第二次世界大戰之後很快就復甦,但義大利製酒商從替當地餐廳生產佐餐酒轉而專注在品質和細節上,卻花了十幾年。當時,義大利人還是把葡萄園視為一般的土地,需要物盡其用以便賺錢養家,而生產的酒大部分都只是做為個人飲用。就連現在的一級產區,例如巴羅洛,在那時候製酒也不是為了獲取國際讚譽或推銷給收藏家。結果,1950 年代或更早的巴羅洛老酒大部分都沒有妥善保存,留給我們許多敗壞的葡萄酒,無從得知這些酒的陳年實力。不過,現在還找得到最久以前、品質一向都很頂尖的年份,就是 1958 年,而那年最棒的一款酒是來自馬斯洛酒莊。

1958 年的馬斯洛酒莊(現在標為「巴托羅馬斯洛(Bartolo Mascarello)」)在當時以各種形式和容量將酒賣給當地的酒商。那個時候,玻璃瓶會重複使用,而現在被拿來放置觀賞植栽,或弄成做作的花卉裝飾的細頸大瓶當時是在鎮上分裝葡萄酒的重要容器。當地的餐廳會買一罐,把酒倒進較小的酒瓶,接著將細頸大瓶還給酒廠重新填裝,有點像你從當地的啤酒廠買來啤酒壺那樣。那時的選擇有我們今天所熟知的 750 毫升一般大小酒瓶,還有直接跟酒廠買的 1.9 公升容量(現在已經不合法)。這些大酒瓶現在因為容量標準化的關係已經看不到了,但以前可是賣了好幾十年。這些酒的酒標有很多種,但裡面的酒永遠都是一樣的,而且品質相當不錯。有些酒瓶會寫上「卡努比」(Cannubi)的字樣,因為那是當時最有名的葡萄園,巴托羅混釀酒有一小部分使用那裡的葡萄;有些會寫上「珍藏」(Riserva)表示推出的數量比較有限;其他的就只是在酒廠的名字旁邊寫上「巴羅洛」(Barolo)。這個家族為了把酒賣出去,曾經使用各種行銷字眼,但現在這款葡萄酒反而令人覬覦,幾乎不可能找到了,實在非常諷刺。

現今,酒廠的經營者是瑪麗亞‧特蕾莎‧馬斯洛(Maria Teresa Mascarello),她的父親巴托羅將 1960 年代巴羅洛黃金時期的家族遺風傳承到今日。儘管巴托羅從不認為自己是「績優股」,但卻有人這麼認為。他的作品現在大部分都被人收藏保存,在比當初所設定的目標客戶(當地餐廳)還要稀有得多的圈子裡享用。

傑拉德‧霍爾頓(Gerald Holtom)設計的和平圖樣在倫敦的一場反核戰遊行首次公開露面。兩條往下的線條是打出字母N的旗語時呈現的樣子,而正中間的垂直線則是字母D的旗語,因此合起來的意思是「核裁軍」(nuclear disarmament)。

日本人安藤百福發明了世界上的第一款泡麵。

世界上的第一款電玩【雙人網球】問世,目的是要娛樂布魯克黑文國家實驗室的無聊訪客。

1958

跟聖經的國王
一起變老：酒瓶大小

或許你只有在葡萄酒專賣店的櫥窗、蠟燭滴著蠟油的餐廳或一級方程式賽車冠軍的手裡看過大酒瓶（magnum），但可以保證的是，大瓶裝葡萄酒絕對不只是一種裝飾品。

標準的 750 毫升酒瓶相當於 5 杯酒左右，而大容量的酒瓶則裝得下這個數字的兩倍到四十倍不等。大酒瓶是入門款，容量比一般酒瓶多兩倍。比這還大的酒瓶大部分都是以舊約聖經的國王來命名：耶羅波安（6 瓶）、撒縵以色（12 瓶）或尼布甲尼撒（20 瓶）。你或許會想送上一壺尼布甲尼撒到餐桌，證明自己的口袋跟聖經歷史一樣深遠，但是裝在大容量酒瓶裡的葡萄酒確實會陳年得比較緩慢。

想要知道原因，就得談到科學：酒瓶裡的風味演變，是氧氣慢慢改變葡萄酒的化學組成所造成的。記住，無論酒瓶的大小或形狀為何，瓶口一定會殘留一些空氣，只有表面的葡萄酒會接觸到。表面的葡萄酒在瓶裡全部葡萄酒所佔的比例越小，瓶中的酒陳年的速度越慢。假設有兩座游泳池面積相同，但是其中一座的深度比另一座深得多，你雖然可以在其中一座潛得比較深，但是你在兩座游泳池可以浮出水面換氣的點卻一樣多。比較深的游泳池就像大酒瓶，瓶口大小一樣，可是盛裝的葡萄酒卻是兩倍，因此同樣多的氧氣所造成的效果，會分散在更大量的酒之中。無論年份或酒窖為何，大容量酒瓶喝起來一定比較新鮮年輕。反之，半瓶裝的葡萄酒完全不應該窖藏，很多生產者基於這個原因，都不再包裝 375 毫升的酒。

葡萄酒之中的王公貴族

比較香檳王和天使絮語的粉紅酒，就好像在評比【大國民】和【怪物奇兵 2：全新世代】一樣，前者從以前到現在都是經典之作，後者則是可以看得下去，但客觀而言恐怕很差。1959 年，香檳區最棒的粉紅酒第一次推出時，只有生產一點點的量。根據傳說，當時離開酒廠的那些酒是要讓伊朗國王慶祝波斯帝國建國 2500 週年用的。如果說有哪一款粉紅酒配得上這樣的紀念活動，且剛好也跟波斯食物很搭的話，肯定就是這一款。這款酒是用黑皮諾和莫尼耶皮諾兩種紅葡萄製成，接著再跟白葡萄品種夏多內混釀，因此成品相當飽滿、深厚、具有陳年潛力。這款 1959 年的葡萄酒就算用來慶祝 2600 週年也沒問題。

除了這款史上最偉大的粉紅酒，這一年布根地盧梭酒莊還生產了最棒的年份酒。1959 年，在哲維瑞 - 香貝丹創立阿曼盧梭酒莊的阿曼 · 盧梭死於一場車禍悲劇，於是該世紀最棒的年份之一的製酒大任，便落在他還在哀痛的兒子查爾斯身上。幸好，幸運之神很眷顧查爾斯。這年的天氣一開始就很棒，要用黑皮諾製造很棒的酒似乎不費吹灰之力，就像製造香檳王的那款粉紅混釀酒一樣。好比電影導演尚盧 · 高達（Jean-Luc Godard）和足球員基利安 · 姆巴佩（Kylian Mbappé）那般，用一級園聖賈克園的葡萄製成的 1959 盧梭也是法國之最。儘管聖賈克園嚴格來說無法在布根地的品質排行中名列前矛，但是那裡的確能夠生產布根地最複雜鮮明的葡萄酒。人們常對哲維瑞 - 香貝丹有個錯誤的刻板印象，認為那裡用布根地的黑皮諾所製造的酒都很龐大結實。然而，盧梭的聖賈克園酒款明明白白駁斥了熱夫雷只能做出厚實土壤風味葡萄酒的觀念。他們的酒是玫瑰與優雅的化身。

香檳區和布根地是葡萄酒之中的王公貴族，但是 1959 年還出現了另一個明星，儘管血統並不高貴：黎巴嫩。沒錯，黎巴嫩也有製造葡萄酒，而且至少有一款值得一提（和一喝），那就是睦沙堡。這都得感謝在 1959 年從父親手中接下酒莊的瑟傑 · 霍查爾（Serge Hochar），他在波爾多學習製酒，然後運用這些經驗，回到貝卡谷地的家鄉種植波爾多葡萄。成品十分驚人，因為其色澤很淺、風味深厚、陳年潛力不輸任何頂尖的波爾多或布根地。

1959

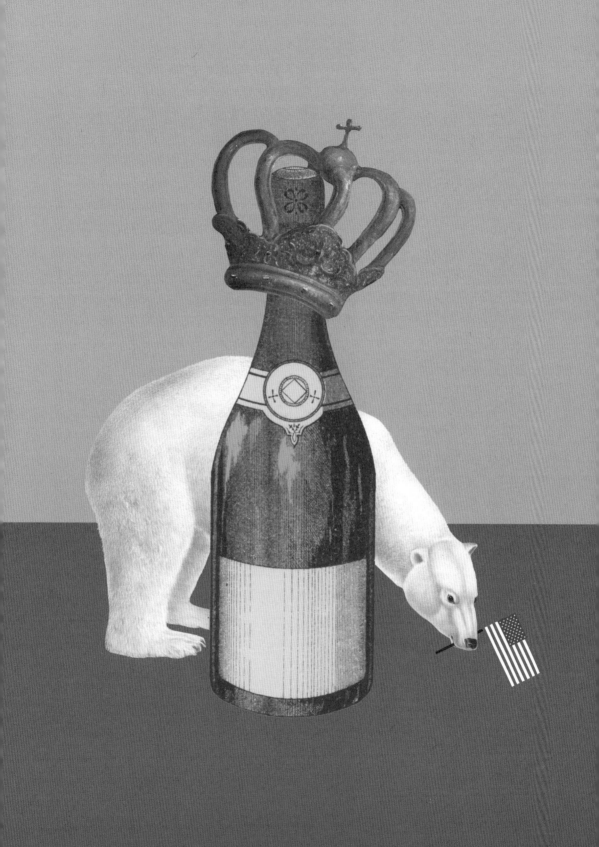

更好的日子

另一個不管哪裡葡萄酒的品質都很好的年份：1961。波爾多，是；布根地，沒錯；香檳，你知道的。在巴羅洛，1961 除了是很棒的年份，還是兩個滿身傲骨卻又謙遜的製酒商展開新篇章的一年。這年，普諾托和維耶蒂都選擇第一次將自己的葡萄園名字——布希亞和羅克——放在巴羅洛的酒標上。

在 1961 年，巴羅洛雖然已經成為葡萄酒來源很久了，但大部分的消費者都還不認識這個產區，抑或是這裡芳香的葡萄品種內比歐露，所以當然也肯定沒聽過任何小型單一園的名字或它們獨有的特色。在酒標上寫出特定的地名，是巴羅洛在戰後漸漸注重品質的跡象之一。在接下來的幾十年，把重要的葡萄園名稱放在酒標上已經成為常態，葡萄酒市場也慢慢知道巴羅洛是義大利的一級產區。1961 年份酒以及貝佩‧科萊（Beppe Colla，普諾托酒莊）、阿爾弗雷多‧庫拉朵（Alfredo Currado，維耶蒂酒莊）、蒂奧博多‧卡波拉諾（Teobaldo Cappellano，卡波拉諾酒莊）和安傑洛‧歌雅（Angelo Gaja，歌雅酒莊）等那一代的製酒先驅被認為是今天這個地區如此成功的基礎。

焦點轉到法國，說到 1961 年，就不能不談到以希哈為主的「小教堂」。這款酒來自隆河的艾米達吉產區，是這種帶有胡椒和花香風味的紅葡萄在全世界最好的產地。不像前面提到的巴羅洛，小教堂並不是單一園的葡萄酒，而是保羅佳布列酒廠只針對自己最上等的酒所取的專屬名稱。1961 年是他們的力作。凡是嚐過這款酒的收藏家，都把這款酒列為自己最愛的前十名。然而，令人難過的是，一百年來，保羅佳布列酒廠生產的小教堂年份酒不到 12 款。1991 年之後，他們改變風格，新款完全喪失舊款的特性。喝過 1991 年之前和之後的佳布列的人，都有注意到它從法國最真實寶貴的生產者，變成最令人失望的生產者。但，1961 實在太絕妙了，因此還有辦法挽救今天的失敗。事實上，這個傳奇恐怕是讓酒廠還能繼續經營下去的原因。

來到紐約10個月後，20歲的巴布‧狄倫（Bob Dylan）在卡內基大廳首次登場。票價兩美元，只賣出53張。

美國南方作家哈波‧李（Harper Lee）因為自己的處女作《梅岡城故事》成為將近20年來第一位榮獲普立茲獎長篇小說獎項的女性。

南極條約正式生效，將這座大陸做為科學保護區，禁止所有軍事活動。因為沒有足夠的事情需要擔心，條約內容要等到2048年才會進行審查。

1961

聖斯泰法諾珍藏問世

布魯諾·賈可薩（Bruno Giacosa）常被稱讚是巴羅洛和芭芭萊斯科的「傳統派」。被賦予這個標籤的人，製酒時不太在乎甜美和橡木的風味，而是把焦點放在葡萄本身純粹純正的潛力。反之，「現代派」常被批評在發酵過程中控管太多、使用橡木過度陳年，以及其他讓葡萄酒趨向一致的技巧。這有點像把你奶奶手工製作的義大利醬比喻成收錄在某位自命不凡的廚師的品嘗菜單（註）中那坨淋上羅勒醬汁的義大利直麵條。

但，這個綽號不太正確。賈可薩其實是這個地區最創新的製酒商，他做的酒象徵了現在很多人所追求的優雅花香風格。賈可薩從 1961 到 2008 年製造許多卓越的酒款，但是最重要的一款是 1964 年——聖斯泰法諾珍藏的第一款年份酒。聖斯泰法諾是位於芭芭萊斯科的單一園，而芭芭萊斯科與巴羅洛比鄰，兩者的品質有得比。這兩個地方就好比洋基隊和紐約大都會隊之間在比賽（如果大都會當時那麼厲害的話）。賈可薩只有在另外 9 年做過這款酒：71、74、78、82、85、88、89、90 和 98。每次他都揮出了全壘打，但 1964 這一年特別突出，因為那是賈可薩第一次裝瓶單一園葡萄酒，協助確立了讓巴羅洛和芭芭萊斯科站上世界葡萄酒舞台的潮流。

註：tasting menu，由主廚挑選多種類、小份量的餐點給消費者品嘗。

凡迪五姊妹在羅馬的舊城市中心開了一間旗艦店。一年後，他們雇用了一個當時沒什麼人知道的年輕設計師卡爾·拉格斐（Karl Lagerfeld）。

儘管美國醫務總監在 1957 年就已經提出抽菸和肺癌的因果關聯，一般人卻是到這年政府發布一份驚人的報告後，才開始真的擔憂。

在贏得重量級拳擊世界冠軍一個月後，卡修斯·克萊（Cassius Clay）改名為穆罕默德·阿里（Muhammad Ali）。

1964

蒙岱維拍桌

如果說有誰是討厭和熱愛美國葡萄酒的人都同意是史上最重要的製酒師，那個人就是羅伯‧蒙岱維（Robert Mondavi）。蒙岱維家族在買下熬過禁酒令、在那帕谷累積大量田產的查爾斯克魯格酒莊後，開啟了他的葡萄酒旅程。蒙岱維家族並非葡萄酒行家，而是擁有創業技巧的義大利移民，憑著自己的技能不只一次地賺進大筆財富。在去了一趟歐洲之後，家裡的長子羅伯趾高氣昂地回家，堅稱那帕谷葡萄酒的未來應該要質重於量。雖然他不是第一個、也不是唯一相信加州葡萄酒很有潛力的人，但他肯定是其中最大膽的。他在 1966 年創立禁酒令之後美國第一間開設的酒廠，獲得很大的成功，加州葡萄酒也跟著地位竄升。一直到 1990 年代以前，蒙岱維都是用老派的風格──也就是仿效波爾多的方式──製造加州卡本內。跟今天你會喝到的巧克力糖漿和櫻桃派等龐大的風味不同，當時的酒精濃度比較低，帶有草本植物和菸草的風味，且陳年潛力絕佳。2004 年，蒙岱維酒莊易手，被星座集團以幾億美元的價格收購。決定製造更好的酒這樣的大膽舉動這時的確是值回票價，但是我們也同時喪失了美國一個很棒的葡萄酒來源。

在許多決定另闢蹊徑、而非單純依循家族傳統的第二代加州人當中，蒙岱維是第一人。雅諾羅伯茲酒莊的鄧肯‧梅耶斯（Duncan Meyers）與內森‧羅伯茲（Nathan Roberts）、戴利酒莊的泰根‧帕沙拉瓜（Tegan Passalacqua）、基岩酒莊的摩根‧吐溫－彼得森（Morgan Twain-Peterson）和史諾頓酒莊的黛安娜‧史諾頓‧塞斯（Diana Snowden Seysses）都是生在這個產業的加州人，長大後在家族事業之外自立門戶。

為了表揚發明迷你裙的時尚設計師瑪麗‧奎恩特（Mary Quant）這十年來讓裙襬變得越來越高的貢獻，英國王室頒給她大英帝國勳章。奎恩特認為高裙襬代表的是「生命和龐大的機會」。

美國政府對即將興起的迷幻年代感到驚嚇，於是將麥角酸二乙胺（LSD）這種迷幻藥列為非法藥物。不過，禁令當然不適用於政府的祕密實驗（我說的就是MK-Ultra心智控制計畫）。

美國黑豹黨發表《十點黨綱》，爭取就業、教育、適當居住，以及終止警察暴力。

1966

歌雅兄

1961 年，安傑洛‧歌雅開始在義大利北部的家族酒廠工作，很快就成為以對義大利葡萄酒最熱忱的人物之一而聞名。在以傳統和尊重為傲的小鎮，太有野心有時候會給人不好的觀感，但是安傑洛的目標是要製造最棒的葡萄酒，而他也讓每個人都知道這點。短短幾年，安傑洛將家族酒廠提高到另一個層次，順帶也提升了整個義大利葡萄酒產業。

展現這位歌雅兄才華的第一款酒，是 1967 年的索利聖羅倫佐，它是使用芭芭萊斯科——巴羅洛隔壁比較少人知道的產區——的某座單一園製成的，初次發行的酒瓶貼有帶了鋸齒線條的紅色酒標，是義大利葡萄酒最早嘗試透過視覺，而不只有好風味來打造品牌形象的例子之一。這款酒在當時被認為非常了不起，今天也是一樣。它在內比歐露葡萄濃烈的花香和果香以及酸味和苦味之間，達成只屬天上才有的和諧平衡，而且那些強烈的風味隨著時間過去，會融合成較溫和易飲的風味，放得越久越明顯。這款酒得到的讚賞讓安傑洛有自信把酒賣到世界各地，不僅做為一般的義大利佐餐酒，也可以代替巴羅洛和托斯卡尼等地最棒的佳釀。這款酒的等級也能跟法國最棒的酒齊名。

歌雅的成就持續到 1980 年代晚期。這間酒廠至今仍有運作，但是其黃金時期在 1990 年劃上了句點，因為安傑洛把法國橡木桶引進芭芭萊斯科，並在傳統的內比歐露之間種植夏多內和卡本內。在這個地區引進法國的品種和技術，在當時和現在都是被大部分人瞧不起的做法，因此這些酒不像經典的芭芭萊斯科那樣受人尊敬。

哥倫比亞小說家馬奎斯出版了《百年孤寂》。

威爾斯科學家湯姆‧帕里‧瓊斯（Tom Parry Jones）發明了電子呼氣式酒精檢測儀，英國也首次實施血液酒精濃度限制的相關法規。很可惜，瓊斯的發明沒有跟有史以來第一種路檢呼氣測試裝置——1930年代引進的酩酊測定器——共享名稱。

在這一年，外太空條約正式生效，禁止在月球或太空中其他地方放置大規模毀滅性武器。

1967

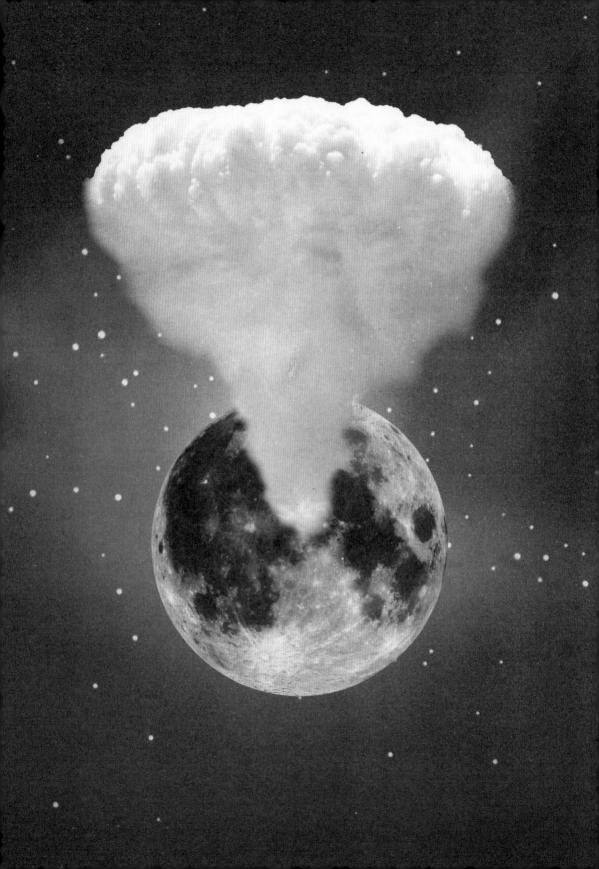

超級厲害的事情
正在這裡發生

假如你是 1968 年出生的法國酒愛好者，那麼你沒辦法找到好的生日年份酒；但是如果你對義大利酒癡迷，那麼你就很幸運了。1968 年，波爾多和布根地雖然天氣很濕，但是義大利卻有兩個地區條件很理想，造就出這個國家在該世紀最棒的葡萄酒。

第一個地區是博格利，它位於托斯卡尼一個高低起伏的偏遠地帶，直到今天都還是只有一些零零星星的大莊園、葡萄園和橄欖園。當時，這是一個讓人休息放鬆的地方，沒有人會想到可以種葡萄。這裡沒有任何消費者認得出來的地名，所以生產的酒都標為「佐餐酒」。根據那時才剛制定、今天依然存在的管理體系（參見第 108 頁），這在義大利葡萄酒品質等級中屬於最低的一級。就在這裡，因希薩·德拉·羅切塔家族決定種植兩種波爾多葡萄——卡本內蘇維濃和卡本內弗朗。羅切塔家族曾經出過兩名教宗，甚至有一度可以從佛羅倫斯騎馬到羅馬，所到之處都是他們的土地。1968 年，有很多家族期許必要實現的馬里歐·因希薩·德拉·羅切塔侯爵（Mario Incisa della Rocchetta）決定開始販售原先他只做來給自己喝的葡萄酒。從那之後，那款酒變成恐怕是全義大利最為人所知的紅酒——薩西凱亞。這個家族在這裡種葡萄、馬里歐在這裡賣葡萄酒，都是很好的決定。自 1968 年以來，薩西凱亞規模有所成長，但是品質卻從未下降。

位於博格利南部的托萊西也有製造葡萄酒。這個地方之所以聲名大噪，是因為馬斯特羅貝拉迪諾家族在 1968 年完美駕馭了艾亞尼科這個深色強大的葡萄品種。他們所做過最棒的酒，毫無疑問就是來自這一年。事實上，這年的潛力實在太大，因此他們決定製造單一園酒款，是從前不曾做過、後來也不曾再生產的年份酒。每一支酒都是來自他們在三個主要城鎮持有的葡萄園：蒙泰馬拉諾、皮安德安傑洛和卡斯泰爾夫蘭奇。馬斯特羅貝拉迪諾現在依然存在，但不像薩西凱亞，他們往往令人失望。雖然這間酒廠在 1968 年之前有過一些強檔，那年之後也有馬上出現幾個，但那幾款通常都被認為只是義大利曾經最前途無量的酒廠所創造的一次性現象。

1968

托斯卡尼豔陽下：
超級托斯卡尼

就跟幾乎所有的葡萄酒產區一樣，托斯卡尼也有嚴格的法律限制酒標上若要寫出產地名稱，只能使用哪種葡萄。例如，酒瓶上如果寫「布魯內洛蒙塔奇諾」，就一定得使用 100% 的桑嬌維賽，但是「貴族蒙特布查諾」則只需要使用 70%。在 1960 和 70 年代，有幾位製酒商一致認為自己可以在這些限制之外做出很棒的酒。他們努力的結果是後來人稱「超級托斯卡尼」的無分級葡萄酒，是他們最棒的成果，但從法規上來看卻是最差的。

對大部分的消費者而言，超級托斯卡尼意味著酒體龐大、風味強勁（濃郁紮實）的葡萄酒。今天有許多較知名的超級托斯卡尼是以充滿層次、單寧和酒體的波爾多品種混釀而成，如卡本內蘇維濃和梅洛。這些酒大部分每年都會都會得到很高的評分，包括醇厚葡萄酒所能獲得最崇高的認可——滿分 100 分（參見第 134 頁）。但有一點很令人困惑，那就是超級托斯卡尼包含風格截然不同的酒。比方說，經典奇揚地有一群頂尖製酒商使用的是 100% 的桑嬌維賽，這是一種輕盈帶有土壤風味

的葡萄。在過去，法律限制經典奇揚地不可以完全只用這種葡萄，所以這些嬌嫩的葡萄酒也被歸為超級托斯卡尼，儘管它的風味跟較為人所知且頗為強烈的天娜露（桑嬌維賽＋卡本內蘇維濃＋卡本內弗朗）和薩西凱亞（卡本內蘇維濃＋卡本內弗朗）非常不一樣。簡而言之，超級托斯卡尼不是一個很好辨識的稱呼，想知道一支酒嚐起來是什麼風味，唯一的辦法就是要知道瓶子裡裝了什麼葡萄。不過，這種叛逆精神確實出了很多很棒的葡萄酒。

輕盈帶有土壤風味的超級托斯卡尼（整個地區最棒的酒）：
- 費希娜酒莊的馮塔洛（Fèlsina Fontalloro）
- 豐托迪酒莊的弗拉查內洛（Fontodi Flaccianello）
- 伊索利歐連娜酒莊的查帕雷洛（Isole e Olena Cepparello）
- 維地那山丘酒莊的佩果雷朵（Montevertine Le Pergole Torte）

龐大馥郁的超級托斯卡尼（比較類似波爾多）：
- 安蒂諾里酒莊的天娜露（Antinori Tignanello）
- 馬賽多（Masseto）
- 歐尼拉雅（Ornellaia）
- 薩西凱亞（Sassicaia）
- 索拉亞（Solaia）

押對賭注

1960 年代，有一些人決定加入群居社群、製作紮染 T 恤、慶祝自己處於充滿理想的青春階段，但賈克·塞斯（Jacques Seysses）卻到布根地買葡萄園，購得一間營運失敗的酒廠，看中的是那塊土地，而非近乎荒廢的設備。賈克的父親是巴黎一個有錢的餅乾製造商，因此很幸運地可以選擇自己想走的人生道路，畢竟在當時，大多數的父母不會很開心自己的孩子想要追求製酒這份工作，就像今天的父母可能不會吹噓自己的小孩夢想成為網紅。賈克在 1968 年推出的第一款年份酒糟糕到不提也罷，不過幸好他沒那麼容易放棄。他很快地振作起來，運用傳統技術，並把焦點放在製造一款風格細緻的布根地紅酒，而這塊地也確實成功發揮了潛力。1969 年，賈克靠羅希園、聖丹尼園、哲維瑞 - 香貝丹貢柏特園、艾雪索和邦馬爾等花園大小的葡萄園，在這個整體來說非常優異的年份，製造出很棒的葡萄酒。

同一時間，在製酒世界的另一端，北加州涼爽的聖克魯茲山脈中有一間利吉酒莊雇了一個叫保羅·德雷珀（Paul Draper）的男子。這裡的山區是加州種植卡本內蘇維濃最冷的地帶，因此能做出細緻帶有土壤風味的葡萄酒，令人聯想到偉大的波爾多。剛從史丹佛大學畢業的保羅先前去了智利，用 19 世紀的方式製酒：沒有灌溉、沒有溫控，純粹就是自然製成的葡萄酒，希望以品質勝過商業。想當初，史丹佛研究所有一群科學家就是為了逃離即將到來的一波新科技，買下偏遠的土地，建立利吉酒莊，因此他們自然對保羅的做法很有興趣，邀請他回來加州。可以看出，雙方的理念十分相符。

1969 年，德雷珀在利吉酒莊推出他的第一款年份酒，將位於聖克魯茲山脈之巔的蒙特貝羅單一園裝瓶。保羅·德雷珀的無為做法讓極為道地的葡萄酒體現出產地的風情，這款 1969 年的蒙特貝羅以輕盈老派的風格呈現卡本內，反映了高山氣候，也讓保羅和他的團隊贏得國際讚譽。當時，加州的葡萄酒很多都是由該地區的多座葡萄園混釀而成，但利吉酒莊成為加州最早仿效歐洲做法、年復一年用單一園的葡萄製酒的酒廠之一。直到今天，那間酒廠跟它的葡萄園和設施仍屬於另一個時代。利吉有著神奇的魔力。

這一年連「走路」都能成就非凡：阿姆斯壯在月球上走了那一小步，而披頭四在【艾比路】這張專輯的封面走過斑馬線。

美國的黃石國家公園試著強迫當地的灰熊回歸野外飲食。已經有超過兩百隻灰熊放棄不了人類的垃圾食物，因為對遊客造成危險而被殺。

這一年的劫機事件創下新高，有近 90 艘飛機被挾持，大部分都被迫飛到古巴。這個現象因為太常見，《時代》雜誌因此刊登一篇文章〈被劫機該怎麼辦〉，並建議乘客可以攜帶泳衣好好享受古巴的海灘。

1969

需要更多時間

巴羅洛是一個質樸的地方，鎮上只有幾處紅綠燈，老房子林立，同時被一層詭譎的霧氣覆蓋。這裡的生活步調很慢，就連葡萄酒也是。巴羅洛的酒有不少在相對年輕時就適合飲用，但馬斯洛不屬於這種。不誇張，宛如紅茶般厚重、苦得優雅、充滿單寧的 1970 馬斯洛到今天可能都還不夠適飲。

最資深的義大利葡萄酒行家很多都曾說過，1970 年朱賽裴馬斯洛酒莊的巴羅洛夢普里瓦多是這個靴子形狀的國家出產過最棒的酒款之一，完全把更為人所知的名稱和更備受讚譽的年份拋在一邊。馬斯洛家族當時已經將夢普里瓦多園的葡萄混進自己的巴羅洛很多年了，但是針對成熟、平衡、整體都很優秀的 1970 年份，他們決定推出第一款的單一園特選葡萄酒。這個選擇非常完美。他們 1950 和 60 年代的酒狀態依然很好，但是 1970 年的夢普里瓦多才是這間酒廠的歷史里程碑。除了跟馬斯洛的其他酒款一樣結實、質樸、老派，還在這層強烈的風味上頭增添了複雜與優雅。

今天，這間家族酒廠依然會推出夢普里瓦多，是他們最上等的葡萄酒。儘管在 1970 年的勝利酒款後，馬斯洛經歷過高低起伏，但他們的酒始終擁有絕佳的陳年潛力。然而，長壽雖然是品質的標記之一，但任何酒過了 50 年還被認為太過年輕而不適飲，確實叫人氣惱。

第一年地球日在這年的4月22日被慶祝，象徵現代環保運動的開端。

為了紀念石牆暴動滿一週年，芝加哥和舊金山在6月27日舉行首屆同志驕傲遊行。洛杉磯和紐約同一年快速跟進。

12月21日，貓王偷偷會見美國總統尼克森，表示他能協助對抗毒品，但是要求得到麻醉藥物和危險藥物管理局的徽章。尼克森同意了，得到貓王出乎意料的擁抱。

1970

白酒當道

1971 年是布根地、巴羅洛、香檳和隆河谷地在該世紀最棒的年份之一。這是相當卓越的紅酒年份，但如果要頒給那一年最好的葡萄酒一個獎狀，那就得頒給白酒。那年天氣非常穩定，不會太熱，也不會太冷，賦予白酒很多酸度，是保鮮的天然防腐劑。很可惜，當時很少有人陳年白酒，因此大部分很早就喝完，現在已經找不到了。

那種馬上飲用的觀念現在還是很常見，但是其實不必這樣。其實，有些白酒非常值得窖藏。首先，拉維爾歐布里雍堡是波爾多少數只製造干白酒（不甜的白酒）的酒莊，而且肯定是這種酒莊之中最屬害的。跟幾乎所有的波爾多白酒一樣，拉維爾歐布里雍堡混合了榭密雍和白蘇維翁。全世界大部分的白蘇維翁都是放在不鏽鋼桶裡陳年，會大量製造，喝起來像葡萄柚汁和墨西哥辣椒。然而，拉維爾歐布里雍堡卻將他們的酒放在橡木桶陳年，成果是喝起來像蜂蜜、芭樂和花朵的尊貴白酒。1971 年擁有非常精準的層次和鮮度，使那些風味隨著時間過去也沒有消退。

在法國隆河谷地只種植白梢楠（以其陳年潛力聞名的品種）的賽昂坡單一園是另一個安全的選擇，最好的成品喝起來像鹽巴、蘋果和檸檬。喬利家族在 1962 年買下了這座葡萄園，而對許多收藏家來說，最好的時期是 1970 年代和 80 年代初。但後來，創新的自然酒生產者尼古拉斯・喬利（Nicolas Joly）加入家族企業，使酒廠遠離傳統的做法。他們的 1971 完美示範了經典製造的純粹葡萄酒，也證實自然酒並不總是比較好。

白梢楠優雅地變老，1971 年的麗絲玲則極為耐陳。廷巴克酒莊的麗絲玲是法國阿爾薩斯地區（參見第 117 頁）的酒中之龍，伊貢慕勒（Egon Müller）則是德國的酒中之鳳。麗絲玲這種葡萄什麼都辦得到，而特立獨行的伊貢慕勒也是。他在德國的偏遠地區薩爾河製酒，做出來的葡萄酒可以是帶有柑橘風味的乾性酒，也可以濃稠甜美如糖漿。1971 年來自夏茲霍夫葡萄園的慕勒葡萄酒有些屬於微甜，有些糖分比冰凍高。糖有助於保存這些酒，儘管隨著時間過去，甜味感覺似乎消散了。比方說，1971 年的卡比內特以麗絲玲來說算是比較不甜，現在喝起來完全就像干白酒了。在天平的另一端，逐粒精選貴腐甜白酒則是甜度最高的，只能在特定的年份製造。葡萄年輕時的品質必須非常好，以便在葡萄藤上待很長一段時間，最後因此脫水，濃縮風味、糖分和酸度。

在紐約，全年購買生蠔又恢復合法了。1912 年因為沒有冷藏技術，貝類海鮮在夏季容易敗壞，因此立法禁止 5 到 8 月販售生蠔，但這一年，紐約州州長尼爾森・洛克菲勒（Nelson Rockefeller）撤銷這項法令。

12 月 22 日，11 名醫生和兩名記者因為相信民眾的醫療權不分國界，於是成立了無國界醫生。

史上首位進入美國眾議院的黑人女性雪莉・奇瑟姆（Shirley Chisholm）參加了 1972 年總統大選的民主黨初選。

1971

夏多內醬汁

女性史在這一年立下了許多里程碑:網球冠軍比莉·珍·金(Billie Jean King)在「性別大戰」中擊敗鮑比·里格斯(Bobby Riggs);艾蜜莉·霍威爾·華納(Emily Howell Warner)被邊疆航空公司聘用,使美國飛行員總數變成三萬五千名男性與一名女性;美國最高法院針對羅訴韋德案做出判決。

這一年,美國精神病學會將同性戀從《精神疾病診斷與統計手冊》的疾病清單中移除。

3M研究員史賓賽·席佛(Spencer Silver)數年來一直想不到他發現的一種不太黏的黏膠可以做什麼用途。後來,他的同事亞瑟·富萊(Arthur Fry)發現這正是他為了在教會的讚美詩集書頁中黏貼書籤所需要的東西。便利貼因此誕生。

1973

跟新車、加勒比海的海風或紐約的下水道一樣,加州的夏多內葡萄酒也有它特殊的氣味和風味。今天,加州生產了很多夏多內,多到令人有點生厭(這要看你問的是誰的意見),但在 1970 年代,它仍保有獨特和優雅的光芒。它的仙氣耀眼到連法國人也給予認同。

1976 年,法國舉行了一場葡萄酒盲品會「巴黎審判」。來自那帕谷的蒙特雷納酒莊用 1973 年的夏多內參加,結果拔得頭籌而聲名大噪,震驚所有的法國競爭對手。優勝者和其他葡萄酒之間的差異有多大?其實不大,但是美國葡萄酒產業後來從這則故事持續汲取感覺無止無盡的行銷素材。事實上,1973 年在布根地整體而言雖然好,但沒有到極佳的程度,可是在數千公里外的加州,這一年卻不斷受到讚美。這麼說也不是要貶低蒙特雷納酒莊的酒——這些酒很好,最好的形容詞(不情願地說)就是近似法國酒,也就是跟其他的加州夏多內相比沒那麼油滑且較為尖銳刺激。

然而,在巴黎的審判取得第二名的酒對整個葡萄酒世界就比較不可或缺了:胡洛酒莊。胡洛酒莊從 1970 年代至今,一直都有生產世界上最棒的夏多內。胡洛酒莊位於布根地的梅索鎮,那裡的風格強調微妙和鹹味,跟加州流行的馥郁綿密夏多內完全相反。老實說,如果胡洛是拿他們的梅索-佩里耶園、而非夏姆園的酒去比賽,他們絕對會拿走第一名。

加州並不是全部都很糟。如果你希望夏多內喝起來像酒(而不是奶油爆米花),可以試試這些生產者:

- 瑟利塔斯(Ceritas)
- 赫希(Hirsch)
- 李歐寇(Lioco)
- 馬蒂亞森(Matthiasson)
- 桑蒂酒莊(Sandhi Wines)
- 泰勒酒廠(Tyler Winery)

糟糕的一年最好的一支

在最常有人收藏的那些產區，1974年並不是夢寐以求的年份，但那年有一支酒卻非常突出美味，因此可以入圍20世紀最優佳釀的終極候選名單。就連認為這個圈子用來描述葡萄酒的詞彙太過詩意的人，也會認同要如此形容這款傳奇：海氏酒窖的瑪莎葡萄園酒款嚐起來就像薄荷巧克力碎片冰淇淋。

喬・海氏（Joe Heitz）在1950年代晚期的那帕谷開始製酒，當時加州還有其他新一代的製酒商，包括先驅羅伯・蒙岱維。他起初買了一座小型葡萄園，裡面種有義大利品種格里諾利諾，但替海氏酒莊帶來聲譽的，並不是這種淺色、粉紅酒般的葡萄酒。讓海氏站上高級葡萄酒這個國際舞台的，是名叫瑪莎葡萄園的葡萄園，裡面種植卡本內蘇維濃，園主是喬和妻子艾莉絲的朋友。這座葡萄園的第一款年份酒是1965年，但是當時葡萄藤還年輕，做出來的酒很單調。經過10年的生長，有機種植的瑪莎葡萄園長出微妙程度無與倫比的果實。這些老藤生長在四周有許多尤加利樹的葡萄園裡，因此成為美國最具特色的葡萄園之一。海氏雖然已經退流行，他們的品質卻始終如一。今天，在侍酒師總管卡爾頓・麥考伊（Carlton McCoy）的監督下，海氏正迎來第二波成功。

1月11日，第一組成功存活下來的六胞胎在南非誕生。15年後，他們的父親在離婚官司中得到孩子的完全撫養權。在某一次親師座談會上，他得跟26位老師會談。

8月9日，尼克森成為美國史上直至目前唯一一個請辭的總統。

人類從波多黎各的阿雷西博天文台發送一則星際無線電訊息，裡面包含數字1到10、DNA雙螺旋的圖像以及人類的簡易形態繪圖。外星人似乎不感興趣，所以沒有回應。

1974

從無到有

因為同情綁架她的共生解放軍而讓斯德哥爾摩症候群廣為人知的帕蒂·赫茲（Patty Hearst），這年因為搶劫銀行遭到判刑。

某篇研究證實有一種紅色染料跟癌症有關，因此引發了人們對紅色食物的恐慌，進而導致使用另一種染料「誘惑紅」所染成的紅色M&M巧克力消失在市面上。消失了11年後，田納西州的一位大學生保羅·赫斯蒙（Paul Hethmon）開玩笑成立「復甦與保存紅色M&M協會」，結果掀起風潮。瑪氏食品1987年重新推出紅色M&M時，還送了50磅給他一起慶祝。

由古生物學家瑪麗·李奇（Mary Leakey）率領的探險隊在坦尚尼亞的來托利找到埋藏在火山灰裡的動物足跡。後來，他們又發現這裡也有360萬年前的人類留下的腳印，證實這些早期人類即是以雙腳行走，但是他們的腳可能很短。

1976

在比較同一款酒的不同年份時，你往往會發現第一年推出的成品最好。慶祝早期的成功很容易，而且說實話，比較之後的年份並不公平，因為製酒商無法控制自然因素造成的影響。然而，如果你去看看布根地在戰後最重要的人物亨利·賈耶（Henri Jayer）所有的作品，就會發現無論是初期、近期或這中間的一切，竟然都很卓越。賈耶在 2006 年去世，但他永遠會以法國史上影響最深遠的葡萄酒款——帕宏圖——每一季背後的完美推手之姿被銘記。

賈耶從 1950 年開始用自己的酒標銷售，之後一直非常成功地做到他最後一個年份—— 2001 年。雖然他有用艾雪索和李奇堡等布根地最知名的葡萄園生產葡萄酒，但奠定他名聲的其實是帕宏圖這個花園大小的葡萄園。帕宏圖位於山丘高點，這個位置通常不會跟地勢較低的葡萄園得到一樣的敬意。第二次世界大戰後，這座葡萄園便休耕了。帕宏圖一排排的葡萄藤改種菊芋。然而，賈耶看見這座葡萄園有別人看不見的潛力；畢竟，他知道比鄰的葡萄園可是世界上最昂貴、最多人想要得到的土地。賈耶真的可以說是整個打掉重來，一點一點重新把葡萄種回來，並跟其他地主購買額外的土地，以便生產品質最好的黑皮諾。他靜靜等待葡萄藤變老、葡萄達到他的要求之後，才終於在 1978 年推出帕宏圖的單獨裝瓶酒款。

雖然帕宏圖的第一款絕佳年份酒是標示「1978」，但據傳亨利·賈耶的 1976 馮內 - 侯瑪內其實是來自帕宏圖。儘管 1976 年對布根地來說不是特別卓越的年份，但是這款出自賈耶之手的葡萄酒卻經得起時間的考驗。其細緻柔軟的風味緩緩轉變成帶有土壤卻仍以果香為主的味道，這是只有賈耶的魔力才能創造的成就。

經典奇揚地

在奇揚地這樣一個歷史悠久的產區改變製酒傳統，是一項大膽的舉動。奇揚地是世界上最有名的佐餐酒產地，這種酒不是要做得高級，而是要用來在親朋好友的陪伴下，跟食物一起享用。在 1970 年代的美國，飲用奇揚地葡萄酒很常見，但這絕對不是很酷的行為，因為義大利葡萄酒大部分都是放在籐籃裡供應，永遠是餐廳的酒單中最便宜的品項。當時，大部分的奇揚地會將桑嬌維賽跟卡本內或梅洛等法國品種一起混釀，好為這種口感尖銳又充滿草本味的托斯卡尼葡萄增添色澤與柔軟。簡單的一支奇揚地本身沒有不好，但有幾位生產者希望得到老祖母以外的認同。他們的宗旨是：完全使用這個地區的桑嬌維賽葡萄製造品質更好的葡萄酒。

佩果雷朵是這些只用桑嬌維賽製成的新式奇揚地葡萄酒之中，最早問世、也肯定是最棒的酒款，最初是在 1977 年由維地那山丘酒莊推出。佩果雷朵讓全世界知道，桑嬌維賽這個品種和奇揚地這個產區都應該被更認真地對待。還要再過 20 年，美國市場對待義大利葡萄酒，才會像對待法國葡萄酒那樣，把它視為奢侈的象徵，但是佩果雷朵永遠是義大利的巨星之一。

現在鼎鼎大名的紐約夜店 54 俱樂部開張了，還舉辦一場必須靠最狂野的想像力才能想得出來的瘋狂派對：桃莉·巴頓（Dolly Parton）和雪兒（Cher）都出現在舞池，而外頭排隊的人潮長到連法蘭克·辛納屈（Frank Sinatra）都只好放棄回家。

史蒂芬·金出版名作《鬼店》；【洛基】贏得了奧斯卡最佳影片獎；【星際大戰四部曲：曙光乍現】上映。

Cookie Crisp麥片在這一年上市，幸好科學家也在同一年研發出人工合成胰島素。

1977

完美的進程

晚餐搭配的葡萄酒通常會從一杯清爽的白酒開始，接著讓口味變得越來越大膽，最後喝一杯濃郁的紅酒。有一個年份提供了這種葡萄酒進程的柏拉圖理想狀態，那就是 1978 年——以哈韋諾酒莊的夏布利開頭，最後用孔特諾酒莊的夢馥迪諾收尾。

今天，只種植夏多內的法國產區夏布利被認為是世界首屈一指的白酒產區，但在 1978 年並不是這樣。當時，人們認為這種葡萄會做出既不甜又清爽的酒，用更直白的方式來說就是簡單廉價。哈韋諾家族是這個地區最早從鄰近的布根地尋找靈感的酒莊。他們把夏布利放在橡木桶、而非比較常見的不鏽鋼桶裡陳年，賦予葡萄酒香檳般的鹹鮮感，同時又保留夏布利典型的清新酸度。這些方法成本比較高昂，還沒有市場能支持額外的費用，所以哈韋諾酒莊是出於熱忱、而非現實層面在做這件事。1978 年是他們最棒的成果之一，這款年份酒到今天都還很新鮮。

晚餐繼續進行，只有少數的幾款酒能夠跟隨和補充這款哈韋諾濃郁強勁的風味，而其中最棒的就是孔特諾酒莊的夢馥迪諾。孔特諾家族數十年來原本只用買來的葡萄製酒，但在 1974 年，他們買了一塊稱作卡西納法蘭西亞的牧草地（這筆交易差點做不成，因為在買賣議價的最後幾個小時，賣家試圖抬高價格。喬凡尼·孔特諾（Giovanni Conterno）很生氣，但他的妻子堅持要他買下去，否則就不要回家。這位優先順序排得很好的強大議價者最後成功趕上晚餐時間）。幾年後，這座葡萄園長出對原本就已經很高貴的孔特諾名號來說足夠優秀的葡萄。接著，在 1978 年，孔特諾酒莊推出這座葡萄園的兩款酒，使酒莊名聲從明星提升到傳奇。那兩款酒就是巴羅洛卡西納法蘭西亞和酒廠最頂級的裝瓶——夢馥迪諾。跟所有標示「巴羅洛」的葡萄酒一樣，這兩款都是用百分之百的內比歐露製成。跟卡西納法蘭西亞相比，夢馥迪諾更強大，也更有陳年潛力。先前推出的夢馥迪諾是使用該地區多座葡萄園買來的葡萄製成，但 1978 年則是第一款徹頭徹尾的孔特諾年份酒，品質很棒。

1月16日，美國太空總署近10年來第一次選出新一組太空人，包含首次被選中的非裔、亞裔和女性太空人。

世界第一個「試管嬰兒」7月25日在英國誕生。

輕量、可重複密封、可回收的塑膠瓶感覺是很棒的點子，於是可口可樂推出兩公升裝的寶特瓶，引起轟動。

1978

兩個皮耶和一個蒙哈榭

皮耶‧哈蒙內（Pierre Ramonet）戰前就開始在他位於夏山－蒙哈榭的同名酒莊開始製酒了，但在 1978 年，他成功買下白酒葡萄園當中無庸置疑的冠軍——蒙哈榭葡萄園，就在他原本的葡萄園旁邊（蒙哈榭實在太傳奇了，有一間紐約餐廳因此借用它的名稱，成為這座城市第一個對布根地葡萄酒極為狂熱的場所）。儘管 1978 年絕不算差勁的葡萄酒，但是最淵博的收藏家都知道，皮耶第二年的蒙哈榭—— 1979 ——才是法國、也就是全世界最好的夏多內。

當時製造蒙哈榭的皮耶不只一人。皮耶‧莫瑞（Pierre Morey）的家族只持有少量葡萄園土地，但是他們跟其他地主（像是備受尊敬的拉馮家族）達成協議，以擴大自己的生產能力，用他們的同名酒標製造更多酒。他們使用的是別人種植的葡萄，但是也裝瓶成為蒙哈榭。皮耶‧莫瑞跟哈蒙內一樣是白酒生產者，也跟他一樣是該世紀最優秀的生產者之一。莫瑞之後會經營樂弗雷酒莊 20 年，他在 1970 年代晚期和 1980 年代推出的酒款都相當卓越，尤其以 1979 年為顛峰之作。在像 1979 年這樣較涼爽的年份，夏多內銳利的風味會跟強大的蒙哈榭葡萄園著名的馥郁口感形成對比，產生一款十分平衡和鮮明的葡萄酒，擁有數十年的陳年潛力。

歷經「迪斯可毀滅之夜」，迪斯可的魅力依然未減。迪斯可毀滅之夜指的是這年美國職棒大聯盟在芝加哥白襪雙重賽的兩場比賽之間，所安排的一個公關活動，形式是由一位反迪斯可的DJ引爆一箱迪斯可唱片。然而，這迅速演變成一場大混亂，因為燃燒的唱片碎片四處亂飛，外野還被炸出一個洞，數千人衝到場上。

7月1日，世界上第一款隨身聽在日本上市。會設計這樣產品的原因是，索尼的共同創辦人想在長途飛行期間聽音樂。

藝術家茱蒂‧芝加哥（Judy Chicago）的作品〈晚宴〉在舊金山現代藝術博物館首次公開展示，是女性藝術的一個里程碑。

1979

美饌佳釀警察：
葡萄酒法規

雖然法國和義大利最大宗的出口品是處方藥，但是他們最自豪的出口品，無疑是食品和葡萄酒。為了保護這些存在了數千年的產業的品質和大眾對特定地區的觀感，這兩個國家（以及更龐大的歐盟）都有簽署原產地名稱保護協議，透過法律規範和保護消費者對巴羅洛、布根地、帕瑪地區、康提等無數產區的集體品牌印象。

這些產區（名稱）每一個都有自己要遵守的「生產法規」，名稱越有聲望，規範內容當然也越嚴格。舉例來說，假如你很幸運，在奇揚地擁有一塊葡萄園，希望製造和販售葡萄酒，並在酒標上標出這個產地的名稱，那你就得遵循奇揚地原產地名稱保護的規範，規定的範圍包括葡萄種類、收成量，甚至是橡木桶最低陳年要求等細節。儘管如此，有的生產者卻會不管特定地理區的規範，願意接受自己的酒因為沒有遵守規範，所以等級降低（參見第 88 頁）。換句話說，沒有人可以阻止你畫風景畫，但你不能說自己畫的是莫內；沒有人會阻止你在自家後院種植某種葡萄，只要你不說自己製造的是蒙哈榭的酒。

不同國家的法律規範有不同的名稱，酒標上通常找得到。在法國，比較詳細的相關法律是「原產地名稱保護」（Appellation d'Origine Protégée，AOP）制度。面積只有幾英畝的單一園有明確的界線保護它們的名稱，想要合法使用，必須讓管理機關登記和檢查採收的葡萄種類和數量是否恰當。這背後的概念是，葡萄園的名字不是某間酒廠擁有的，而是由這個地區共同

擁有，因此不管是由誰製酒，其整體風味（也因此使用的葡萄）必須保持一致。如果製酒商想要用法規不允許的葡萄進行實驗，做出來的酒只能標示為「法國酒」。因此，假如哪個笨蛋想要在羅曼尼康帝葡萄園種植卡本內蘇維濃，做出來的酒就叫作法國酒，因為它沒有滿足使用這座高級葡萄園名稱的條件。義大利的體系稱作「原產地名稱控制」（Denominazione di Origine Controllata，DOC），而產區品質比這更高、規範最嚴格的則是「原產地名稱控制與保證」Denominazione di Origine Controllata e Garantita，DOCG）。全義大利只有 73 個 DOCG 產區，其中兩個是布魯內洛蒙塔奇諾和芭芭萊斯科，兩者都只允許使用一種葡萄（分別是桑嬌維賽和內比歐露），且要

求長時間陳年。美國也有自己的法律，稱作「美國葡萄種植區」（American Viticulture Area，AVA）。各州也有各州的規定，例如想要在酒標上標示「加州」，所有的葡萄都必須來自加州，但其他州只要求 85%。

葡萄酒法規雖然有諸多限制，但這終究還是好的，因為沒有這些法規，販賣假冒葡萄酒很容易。過去曾有很長一段時間，美國生產者會使用布根地、夏布利或波特等歐洲產地名稱。2006 年，歐盟和美國簽署貿易協定，禁止這些名稱在歐洲以外使用，因此我們再也不會看見來自密蘇里州的摩澤爾葡萄酒或來自加州的奇揚地葡萄酒了。

更好的薄酒來誕生了

1980 年代初期，葡萄酒消費者仍將波爾多紅酒、香檳和波特酒視為「高檔」的酒，不在乎品質的人會痛快暢飲不好的酒。然而，其他地方也有製造好東西，但似乎沒人在意：布根地生產了很棒的葡萄酒，但是還不到可收藏的程度；巴羅洛正值巔峰，卻很少人注意到。因此，當有幾個製酒師決定前去一個在 2010 年代晚期之前都被認為很偏遠的地區，改善那裡的名聲時，這實在是相當大膽的決定，值得放幾串鞭炮讚揚。哈囉，薄酒來。

薄酒來位於布根地和隆河谷地北部之間，就在法國的美食聖地里昂附近。也就是說，這裡應該是很注重品質的地方。可是，這裡竟然變成以最快、最有果味的方式製造紅酒的地區，使用工業酵母和其他原料進行發酵，只求將葡萄汁盡快轉換成酒精。這種風格稱作薄酒來新酒，以食物譬喻相當於微波餐。

馬歇爾・拉皮耶（Marcel Lapierre）是最早提出「我們可以做得比這更好」，並在 1981 年成為極早採行有機農法的人。除此之外，他還讓他的酒自然發酵，也就是利用自然空氣，而不是像現在高品質的葡萄酒都被認為必須要做的那樣，直接去做化驗分析。他也是最早質疑葡萄酒為什麼要使用這麼多硫的製酒師。

他為什麼在 1981 年改變方法？

拉皮耶在 2004 年告訴季刊《吃的藝術》（The Art of Eating）：「因為我不滿意自己做的酒，而別的地方我喜歡的酒不是用現代風格製造。我只是在做我的父親和祖父所做的酒，但我試著把它做得更好一點。」他的酒確實更好。拉皮耶這些顏色更深、更有鹹鮮風味的酒讓全世界看見薄酒來可以不只是用來狂飲的酒。這個地區的其他生產者也注意到了，因此薄酒來從那之後品質就越來越好。

美國總統雷根強硬刪減兒童營養的經費之後，匆忙寫成的新版飲食指南將番茄醬也算成學校營養午餐的一種蔬菜。在歷經了巨大的反彈後，政府裡有人聲稱這是疏忽，因此雷根撤銷這項提案。

IBM進入個人電腦市場，家用電腦的時代就此強勢登場。

茅利塔尼亞成為全球最後一個廢除奴隸制的國家。

1981

手下硫情：
葡萄酒裡的硫

過去 30 年來，二氧化硫因為會造成頭痛而被汙名化，但其實是具有抗菌屬性的重要抗氧化物。發酵過程雖然自然就會產生二氧化硫，但是數百年來，人們也會在葡萄酒裡額外添加這種防腐劑。硫可以穩定葡萄酒的風味，協助在運輸過程中加以保鮮（就跟果乾和糖漿裡的硫一樣）。加在葡萄酒中，硫還能掩飾酒的問題或瑕疵。

可是，如果大量添加，硫會改變酒的味道。把這想成用鹽醃牛排就好：恰到好處會讓牛排變得更好，但太多就不好了，甚至可能帶來危險。雖然歷史上一些最棒的葡萄酒都含有額外的硫，但今天的製酒商大部分都盡量少用。然而，完全不添加是很大膽的做法，除非葡萄酒可以在當地飲用完畢，並保存在穩定的溫度下。

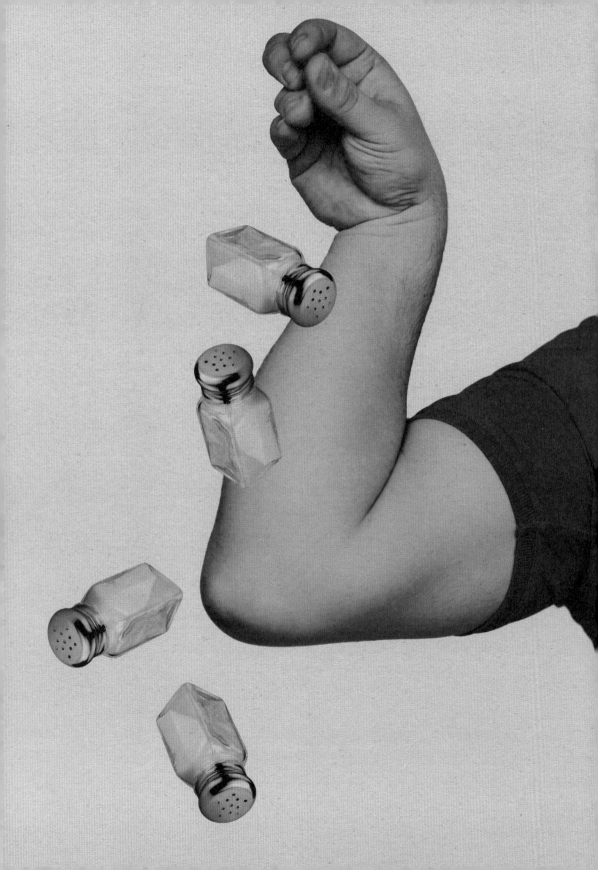

獲勝者是⋯⋯

羅伯特·派克有一期通訊報寫到 1982 年的波爾多年份酒,是一篇爆紅的創作內容。派克就是那個發明葡萄酒評分制度的傢伙:他坐在巴爾的摩的辦公桌前,大喊這就是該世紀最棒的葡萄酒,就此永遠改變葡萄酒的市場。在美國,葡萄酒似乎一夕之間變成一種群眾的奢侈品,葡萄酒也開始成為身份地位的象徵,生產者、產區和年份都是財富與放縱的標誌。跟這個被大力吹捧(有時吹捧過了頭)的年份最能劃上等號的葡萄酒,就是木桐堡。

木桐堡跟波爾多的其他酒廠一樣受人尊崇。儘管在他們最棒的年份清單上,1982 的風味並未名列前茅,但它的名氣絕對排在很前面。為什麼這款酒這麼有名?這年天氣炎熱,葡萄產量很大,做出來的成品擁有前十年不曾見過的力道和濃度。這樣的轉變和新奇讓像派克這樣突然變得很有影響力的評論家有了可以品頭論足的東西。這款酒跟 1947 年相似——在這之前,那是波爾多在該世紀最棒的年份。1982 年的木桐堡大膽、令人印象深刻,而且風味好得純粹,不會過於複雜,是新手消費者可以接受的。但,由派克發起、新一波消費者帶動的噱頭,讓 1982 年變成過去 50 年來最昂貴的波爾多年份酒。

雖然木桐堡總是搶走過多光采,但在 1982 這個偉大的年份,波爾多最棒的酒其實是花堡。花堡位於左岸對面,屬於右岸。左岸長久以來被認為是大酒、奢華和財富的土地,而右岸在價格和產量方面則平易近人許多。跟木桐堡不同,花堡的經營規模較小,總產量不到木桐堡的 1/10。但在 1982 年,產量不重要。1982 年的花堡是由梅洛和風味鹹鮮而口感銳利的卡本內弗朗混釀而成,被行家認為是波爾多這年最棒的酒款。

酒標的設計

直到今天,1982 年的木桐堡被送上桌時,還是會引來旁人的目光,而這不只是因為它有響叮噹的名聲。那粉藍色的酒標幾乎跟酒本身一樣出名。這款酒標是【梟巢喋血戰】的導演約翰·休斯頓(John Huston)所設計的,以水彩畫風描繪一頭公羊優雅地在陽光和葡萄之間跳躍。這種高雅藝術風格的酒標可回溯到 1924 年,當時木桐堡使用了吉恩·卡魯(Jean Carlu)的立體派設計來裝飾自己的酒瓶。夏卡爾、米羅、畢卡索、培根、達利、巴爾蒂斯、昆斯和李希特都是作品可登羅浮宮殿堂的藝術家,他們的設計也能在世界各地的酒窖找到。

1982

遲來也是件好事

阿爾薩斯位於法國東部，以鵝肝、香腸和德式泡菜聞名。要搭配這些食物，沒有什麼比阿爾薩斯的白酒還適合，尤其是用麗絲玲製成具有蜂蜜和花香風味的酒。麗絲玲常常被認為甜得膩口，而有些麗絲玲也確實如此。但，絕大多數的麗絲玲並無過多糖分，喝起來超級清新。製造這種酒的大師是廷巴克家族和他們的單一園聖亨園。

他們每一年都生產出世界上最棒、最多人收藏的麗絲玲葡萄酒，以其一致與準確而出名。然而，在 1983 年，廷巴克製造了一款葡萄來源相同、但風味卻不一樣的酒。那年，廷巴克酒莊第一次使用較晚採收的聖亨園葡萄製酒，即「晚收」葡萄酒。他們把葡萄園的一小部分繼續留在樹上多成熟一個月，以產出更濃縮的葡萄，在風味和色澤上都類似蜂蜜。通常，白葡萄長時間成熟後做出的成品是像蘇玳酒那樣的甜酒，這會讓葡萄酒有更大的陳年潛力，因為一點點糖分就能讓保存期限變長許多。話雖如此，1983 年的聖亨園絕對不算甜酒，但是確實帶有一種獨特的微甜，被認為是布根地之外有史以來最棒的白酒之一。在這之後，廷巴克就只有再推出一年這種微甜風格的旗艦酒，那就是在 1989 年。

聖亨園以銳利和清爽為傲，但皮耶·歐維諾娃（Pierre Overnoy）製的酒則是狂野和渾厚，兩者大相逕庭，但卻都在 1983 年表現突出。1968年在法國的侏羅地區接下家族酒莊的歐維諾娃是自然酒的先驅之一。今天，全世界最厲害的白酒有些便來自侏羅。在侏羅，名號最響亮的就是歐維諾娃。他的製酒風格被稱作「氧化法」：就像酪梨切開會變成褐色那樣，白酒也可以褐變。製酒師通常會認為葡萄酒氧化就等於失敗，但是在侏羅，特別是這個地區所產的「黃酒」，氧化卻是刻意安排的。接觸氧氣後，風味會從柑橘和新鮮水果轉變為烘烤堅果和洋甘菊茶，味道比較接近雪莉酒，而不是典型的白酒。在 1983 年，歐維諾娃推出一款黃酒，至今仍然被普遍認為是有史以來最棒的。跟廷巴克的晚收葡萄（酒）一樣，黃酒只能在葡萄可更晚採收的年份製造，賦予葡萄酒更龐大濃縮的風味。

生物化學家凱瑞·穆利斯（Kary Mullis）發明了現在令人聯想到鼻腔採檢拭子和囤積衛生紙的聚合酶連鎖反應（PCR）。他將這項發明歸功自己的迷幻藥體驗。

全球定位系統（GPS）原本是設計給美軍使用，但在一架韓國民用飛機因不小心進入蘇聯領空而被擊落之後，就解除機密地位，讓一般大眾都可以使用，以預防發生更多類似的悲劇。

蘇聯軍官斯坦尼斯拉夫·彼得羅夫（Stanislav Petrov）正確地判斷某次美國飛彈發射警報為假警報，隻手防止了世界爆發核戰。

1983

黑皮諾西遊記

黑皮諾的老家在布根地，但是它後來足跡遍布全球。從阿根廷到紐西蘭、德國到安大略，都找得到做得很好的黑皮諾。其中，它最理想的產地大概就是位於美國西岸的加州。唯加州獨尊的認真品酒人不喜歡布根地紅酒（也就是法國的黑皮諾）的尖銳口感和帶有太重的土壤氣息，如亨利‧古爵做的酒，而就連最受到讚譽的加州黑皮諾，如果偏向柔軟、果香和橡木風味，也會被歐洲品酒行家所討厭，如索諾馬地區的奇斯樂酒莊和瑪卡辛酒莊直接露骨的葡萄酒風格。有些酒很中立，融合了這兩種風格，既有加州的草莓和李子香氣，又有類似法國的清爽和溫和。然而，布根地和加州愛好者之間的分野，就跟洋基隊和紅襪隊的勝負一樣難以預測。

不過，說實話，加州大部分的黑皮諾製酒商都努力做得貼近布根地。他們會使用類似的酒標設計和酒瓶形狀；他們會聘請有名的布根地本地人來做顧問；在行銷文案中，他們第一個會使用的形容詞通常是「我們的目標是貼近布根地」。有時這是實話，有時這只是銷售手法。凱蕾拉酒莊的喬許‧詹森（Josh Jensen）在 1978 年左右最早做出這個轉變，接著跟進的有赫希、ABC 酒莊以及製造出加州第一款零售價 100 美元的黑皮諾的生產者——索諾馬海岸的威廉斯萊酒莊。

伯特‧威廉斯（Burt Williams）和艾德‧斯萊（Ed Selyem）原本把他們的酒廠取名為哈仙達里約，但被索諾馬另一間也叫作哈仙達的酒莊告了之後，1984 年改名為威廉斯萊酒莊。從 1984 年到酒廠被商人約翰‧戴森（John Dyson）買下的 1998 年，他們製造了美國最優秀的輕紅酒。80 年代中葉到 90 年代晚期的威廉斯萊葡萄酒常被懷念地認為是加州出產過最像布根地的酒。這段時期氣候變遷尚未讓黑皮諾變得酒體飽滿、酒精含量高，因此仍保有維持鹹鮮風味、可長時間慢慢陳年的化學組成。現在的加州黑皮諾很多都缺乏獨特的性格，就只是充滿果香和果醬味。然而，威廉斯萊從 1984 年開始施展、跟現今這種大量製造常態相去甚遠的魔力，卻是獨一無二的（儘管受到了法國的啟發）。

今天，法國以外最好的法式黑皮諾生產者有：

- 恰卡拉酒莊（Bodega Chacra）阿根廷
- 海岸酒莊（Domaine de la Côte）加州
- 杜普酒廠（Dupuis Winery）加州
- 費拉酒莊（Failla）加州
- 利托瑞酒莊（Littorai Wines）加州
- 半島酒廠（Presqu'ile Winery）加州
- 里斯酒莊（Rhys Vineyards）加州
- 泰勒酒廠（Tyler Winery）加州

1984

媲美 NIKE：
奧勒岡州的黑皮諾

美國西岸再往北一點的奧勒岡州也有生產同樣著名的黑皮諾。在那裡的威廉梅特谷地，黑皮諾被認為是一種本地葡萄，而非一種實驗。你可能有聽過，奧勒岡州和布根地的氣候幾乎一模一樣。雖然奧勒岡州並不等於布根地，就像艾蜜莉不是巴黎人一樣，但它們非常相近，都有保存這種葡萄新鮮度的理想環境。威廉梅特谷地一些高品質的葡萄酒不只是美國酒典範，還是所有黑皮諾當中的典範。奧勒岡州的頂尖黑皮諾生產者包括古老地球酒莊（Antica Terra）、夜晚大地酒莊（Evening Land Vineyards）和華特史考特酒莊（Walter Scott）。

曾幾何時

1985 年是「到哪裡都很棒」的那種年份。那年天氣溫暖一致，跟前一年很不一樣（1984 年的歐洲葡萄酒通常都被忽略或遺忘，因為收成季節出現洪水般的豪雨）。把焦點放在法國的隆河谷地和布根地，有個好消息是 1985 年的積架（Guigal）和彭索（Ponsot）兩間酒莊分別生產了這兩個地區最棒的酒——隆河谷地的羅第丘和布根地的羅希園。壞消息則是這是這些生產者最後一次製造優質的年份酒。

積架酒莊是地表上最多人夢寐以求的希哈葡萄酒生產者之一。他們當時已經生產高品質的葡萄酒好幾十年，包括 1960 和 70 年代許多出名的優秀作品。1985 年，他們製造了「La La La」系列的完整三部曲：蘭朵內（La Landonne）、慕林（La Mouline）和特克（La Turque），最後一款是第一次生產。這幾款酒評分都很高，也很適合收藏，透過對橡木桶的熟練將希哈葡萄的微妙展現出來。比起布根地，這些酒更像波爾多，而就跟 1985 年的波爾多一樣，它們到現在還是越陳越棒。1980 年代風格純粹的老積架希哈嚐起來宛如薰衣草、現磨黑胡椒和你吃過最高級的培根。

從羅第丘沿著 A6 公路往北行駛兩小時，就會來到從 19 世紀晚期就存在於布根地的彭索酒莊。然而，跟布根地的許多酒莊一樣，這個家族的名字直到 1930 年代才出現在酒標上。彭索被認為很不錯，但是卻要到洛朗‧彭索（Laurent Ponsot）在 1980 年代初期接管酒廠後，才真正變得頂尖。洛朗是那種每個人都想加以評論，但不是每個人都說他好話的人。不過，大家都會同意他這個人很有想法，但這在葡萄酒的世界裡不一定是好事。從 1983 年的第一款年份酒到 2017 年的最後一款（他在這年宣布「即刻起」就要離開家族事業），洛朗的葡萄酒因為他的天馬行空和實驗精神而有非常大的差異。不過，在 1985 年，洛朗‧彭索沒有像後來那樣即興演出，而是善加利用老藤、理想的天氣和成熟的葡萄，做出一款濃縮、帶土壤味、濃郁的酒。1985 年的羅希園是彭索名號的巔峰。這些酒純粹、準確，備受膜拜，儘管今天已經沒有什麼人會膜拜洛朗了。

替英國南極調查局工作的科學家發現臭氧層有一個破洞。

紐約長島的卡梅拉‧維塔勒（Carmela Vitale）改變了外帶披薩的局面。她成功申請到一個塑膠「包裝救星」的專利，運用一個小支架防止披薩紙盒的蓋子壓在表層的乳酪上。她是否知道11年前克勞迪奧‧丹尼爾‧特羅利亞（Claudio Daniel Troglia）在布宜諾斯艾利斯發明了同樣的東西？我們永遠也無從得知。

7月13日，有將近20億人收看「拯救生命」音樂會。這場活動在短短10週內籌辦完成，替衣索比亞的饑荒救災募集到超過一億兩千五百萬美元。

1985

塞洛斯招牌香檳的開端

要獲得香檳王或水晶香檳那樣的名聲，對 1980 年代的製酒商安塞爾姆・塞洛斯（Anselme Selosse）來說是不可能的。不過，他本來也就沒有打算創立一個國際奢侈品牌。但，不可否認的是，塞洛斯對香檳的影響也同樣重大。塞洛斯推動了所謂的種植者香檳運動，相當於迷你啤酒廠希望推出精釀啤酒那樣的意思。就跟大部分獨立持有的小本生意一樣，塞洛斯很在乎觀點和細節，而不是能不能推向大眾市場。事實上，塞洛斯的風格完全不受大眾市場的喜愛。雖然很多人都認為他的酒是所有香檳裡面特色最鮮明的，但也有人則覺得他的酒太過前衛，甚至帶有缺陷。

塞洛斯已經推出十來種酒款，其中有一款最能夠定義他的風格。這款酒稱作「實質」（Substance），是以夏多內為主的香檳，並且使用索雷拉這種源自西班牙雪莉酒產區的連續混釀技巧製成（參見第 32 頁）。這種做法的概念是，透過動態培養熟成的混釀，葡萄酒可以完全表現一座葡萄園及其潛力，展現葡萄園從以前到現在經歷過的極好、很好、不好和極差的年份。

實質的索雷拉陳釀法是在 1986 年發明的。這款香檳不是要像傳統的香檳所擅長的那樣，輕盈得適合在餐前飲用、清新得可以搭配炸雞。使用百分之百的夏多內製造的白中白香檳，是大部分的人打開一瓶氣泡酒時所期待喝到的酒款，但是實質跟這完全相反。反之，在混合多個年份、長時間接觸氧氣後，這款香檳變得帶有堅果和茶葉風味且十分渾厚。

不管你喜不喜歡，都無法否認塞洛斯從 1986 年開始推動的影響，尤其他還教導了香檳區一些年輕的新星：夏爾多涅－泰耶（Chartogne-Taillet）、傑羅姆・普雷沃斯特（Jérôme Prévost）和尤萊斯・柯林（Ulysse Collin）都曾在他的監督下做事。他們的酒不見得反映出他的製酒風格，但他們確實跟他一樣致力打造從葡萄園到酒瓶的香檳，無論是否使用索雷拉技巧。

加州農夫麥克・尤羅塞克（Mike Yurosek）想出「迷你」胡蘿蔔的點子，以便賣掉破碎或畸形的胡蘿蔔。胡蘿蔔的食用率在一年內提高了30%。

鐵達尼號的殘骸被發現9個月之後，伍茲霍爾海洋學研究中心的一個團隊又回到現場拍攝錄影。

4月26日，車諾比核能發電廠爆炸，是史上最嚴重的核災事故，釋放的輻射比投擲在廣島和長崎的核彈加起來多出兩百倍。

1986

相信我：
應該要知道的進口商

問侍酒師他們從酒標是怎麼知道一支酒好不好喝，就像問小孩子他們為什麼要把花生醬抹在弟弟身上，他們可以回答你，但你大概不會知道怎麼思索這個答案。

話雖如此，有一個很可靠的方法可以讓你自行判斷，在任何離開原產國家的酒瓶上都找得到，那就是進口商的名字。進口商通常很擅長某個國家或某種風格的葡萄酒，他們會跟獨立生產者買酒，而他們挑選的酒會透露出特定的製酒哲學和品質標準。有些進口商對今天的葡萄酒市場有很深遠的影響，就算他們可能已經沒有在這一行，或甚至已經不在人世上。有些進口商還持續在偏遠地區或新興的生產者身上發掘好酒，接著把自己選的酒供應給餐廳和零售商。最厲害的進口商是好品味的代理人，你可以相信他們帶領你走向未知。（編按：以下為作者推薦的美國進口商。）

法國酒

- 貝琪‧瓦瑟曼（Becky Wasserman）
- 卡蜜兒河川精選（Camille Rivière Selection）
- 特級園精選（Grand Cru Selections）
- 克米特‧林區（Kermit Lynch）

- 馬汀葡萄酒（Martine's Wines）
- 分揀盤（The Sorting Table）

義大利酒

- 奧利佛‧麥克拉姆（Oliver McCrum）
- 波拉勒精選（Polaner Sections）
- 珍稀葡萄酒（The Rare Wine Co.）
- 羅森塔爾酒商（Rosenthal Wine Merchant）
- 傳統進口（Tradizione Imports）

自然酒

- 荷西‧帕斯托精選（José Pastor Selections）
- 路易斯／卓斯勒精選（Louis／Dressner Selections）
- 馬莎樂精選（Selection Massale）
- 澤夫羅文精選（Zev Rovine Sections）

香檳

- 特級園精選（Grand Cru Selections）
- 克米特‧林區（Kermit Lynch）
- 波拉勒精選（Polaner Selections）
- 斯庫爾尼克葡萄酒與烈酒（Skurnik Wines & Spirits）

德國酒

- 索塞克斯酒商（Sussex Wine Merchants）
- 馮姆波登（Vom Boden）

結束的開端

體育界在不同的年代有不同的霸王：2000 年代的網球界由大小威廉絲稱霸；1990 年代的籃球界有芝加哥公牛；冰上曲棍球 1980 年由美國一統天下；可以列出來的還有更多。葡萄酒世界也有類似的情況——某個地區可能在某個時期出現完美的天氣，同時還有優秀的製酒商具備相對應的釀造技能。從 1988 年開始連續 4 年，法國的隆河谷地便遇到這樣的時機。

1988

隆河谷地沿著隆河流域，從最北邊的羅第丘到高納斯屬於隆河北部地區。繼續往南則是範圍較大的隆河谷地南部，以教皇新堡這個產地最為出名。就連在 80 年代晚期，這個地區的生產者都像來自另一個時代。當時開始流行充滿技術性的現代製酒方式（90 年代初會蓬勃發展），但隆河的生產者卻都是農夫，跟先前無數個世代一樣用自家的葡萄園製酒。他們的方法簡單又單純，沒有什麼新奇的橡木桶，也不希望將味道從帶有鹹鮮趨向甜味。

然而，純樸跟潮流正好相反，因此久而久之，當地的一些酒廠還是改變了做法，試圖在國際市場上立足。其他酒廠則漸漸沒落，包括馬呂斯·根塔茲（Marius Gentaz）、努埃·維瑟（Noël Verset）和雷蒙德·特羅拉（Raymond Trollat）。在這三個例子中，跟酒廠同名的創辦人都在身後留下名酒和名聲，卻沒有繼承人可以接下他們低科技的酒莊。後來，才有收藏家開始明白這世界失去了什麼。現在，這三間現已停業的酒廠被認為是它們各別產區——羅第丘、高納斯和聖約瑟夫——的基準。在整個隆河地區，現在最貴的是 1988 到 1991 年的酒款。其實，有些酒款值不了那樣的價錢，但是稀有性本身就是高昂的理由。以今日的消耗率來看，這些隆河男孩的作品沒多久就會消失殆盡了。就算我們承認自己的做法有問題，要回歸傳統的方法、找回 80 年代晚期的魔力，也已經來不及了，尤其是氣候不斷在變遷。

這句話用來形容教皇新堡最貼切，因為那裡的氣候現在幾乎跟地中海一樣。雖然這裡古時候就有種葡萄（這個地名是從 1309 年開始有許多教宗搬來之後才有的），又是法國第一個獲得 AOC 認證的地區，但是這裡要到 90 年代以後，才會在法國以外的地方成為家喻戶曉的名稱。新堡的酒往往太過濃烈，就像一個常常擅闖私人界線的朋友那樣。但是從 1988 年開始，那美妙的 4 年因為天氣絕佳，加上最少干預的製酒理念，使得這個地區生產出細緻微妙的新堡葡萄酒。可惜，那種風格跟那個地區的純樸理念一樣不符合流行，因此新堡的生產者漸漸背離傳統，走向

當時超級流行的趨勢，也就是酒精含量高、近乎波特酒一般的葡萄酒。

這是聰明的商業舉動──龐大又強而有力的風格、怪異的地名、生產者開始實驗較豐滿有橡木味的呈現，這些都緊緊跟著市場走向。突然間，90 年代的新堡不只是一種酒，還是一個品牌。但，要付出什麼代價？即使趨勢又回到比較微妙的葡萄酒，對這個地區大部分的酒廠來說，一切都回不去了。隨著天氣越變越熱，新堡主要種植的葡萄品種格納希越來越容易秀出它最糟的特性（想像一下在好市多試吃沾裹巧克力又浸泡在蘭姆酒裡的草莓）。

幸好仍有一些幸免於難的案例──儘管自從這個地區的全盛期之後就不斷遭遇背負惡名和獲取商業成功的壓力，仍有一些生產者尚未摒棄 80 年代晚期的理念，如新堡的海雅堡和北部高納斯的奧古斯特克萊普酒莊。海雅堡的偉大超越了這個地區和這種葡萄。在今天的氣候，使用百分之百的格納希竟然還有辦法做出他們知名的帶有胡椒風味的細緻輕紅酒，實在令人訝異。海雅堡的其中一個祕訣就是不干預葡萄酒的製造，但更重要的是，他們的葡萄園有著乾燥的砂質土壤，因此能種出風味微妙、而非浮誇的格納希。市面上有很多教皇新堡的葡萄酒，但只有少數的價值能夠媲美海雅堡。這是法國最棒的酒之一，在整個隆河谷地南部則絕對是最崇高的，沒有之一。

跟巨石強森一樣厲害的
歐布里雍堡

巨石強森在變成電影明星之前，其實是一位體育界的英雄（職業摔角手）。不可否認，很少有人把兩件事都做得這麼好。同樣地，很少有製酒商能把紅酒和白酒都做得很棒。大部分成功的製酒商都會嘗試製造另一種顏色的葡萄酒，但卻很少能做得跟他們主要的葡萄種類一樣好。製造紅酒和製造白酒是兩種不同的技術，因為兩種酒的發酵和酒桶陳年過程需要不同的知識。

歐布里雍堡在波爾多的格拉夫地區以紅酒聞名，他們從最開始的時候就在了（參見第 71 頁）。說 1989 年是他們最好的年份之一，其實是當代的觀點，但這款酒從客觀上來說，確實在他們超過 400 年的年份清單中排名相當前面。其中一個原因是，1989 年的歐布里雍紅酒和歐布里雍白酒在各自的領域中都名列波爾多那年最棒的葡萄酒。

你可能會以為，對紅酒來說很棒的一年，對白酒來說也是，但其實不見得是這樣。白葡萄幾乎總是比紅葡萄還要早採收，而採收開始前的最後幾週最容易有變化。秋季的天氣只要來場暴風雨，就能讓那一年從天堂掉到地獄。只有在葡萄生長季的尾聲天氣都很穩定、表現得非常好時，好的白酒年份才有可能也是好的紅酒年份。1989 年的格拉夫便是如此，所以歐布里雍的紅酒和白酒都從評論家那裡得到滿分，到現在還繼續越陳越棒。

德國柏林圍牆倒下，冰島長達74年的啤酒禁令也解除了。

一位漁貨批發商終於說服美國食品藥物管理局允許開放進口河豚這種有毒魚類──牠的毒素目前沒有解藥。

在歐洲核子研究組織的粒子物理學實驗室工作的電腦科學家提姆・柏內茲－李（Tim Berners-Lee）寫下一份提案文件，後來成為全球資訊網的藍圖。他的上司說他的提案「很模糊，但令人興奮」，這確實是對網路蠻準確的總結。

1989

第三部分
評分制當道
（1990 到 2008 年）

回想過去，很久很久以前的過去。我知道這很難想起來，但在社群媒體把我們的集體注意力長度變得只剩不到十秒之前，人們其實會閱讀紙張的內容，如書本、報紙和雜誌。其中一個刊物是羅伯特·派克在 1978 年創辦的通訊報《葡萄酒倡導家》（Wine Advocate）。派克是一名職業律師，也是美國第一個（可能是唯一一個）出了名的葡萄酒評論家。派克可說是從無到有發明了葡萄酒百分品質評分的制度，光憑一個簡單的計算方式，他就可以宣布一支酒是很棒或者是不怎麼好。我們會如此看好許多酒，純粹是因為他這麼說。他的評分標準很一致：一支優秀的派克年份酒幾乎可以肯定是一款紅酒，色澤深到會將牙齒染色、酒精含量偏高（濃度至少 14.5%）、使用新的橡木桶陳年，並帶有巧克力、李子和香料的風味。基本上，他就是想要上面灑有各種配料的那種巧克力聖代。不管你喜不喜歡這種風格，看見將葡萄酒高低等級僵固許久的過時分級制度被一個簡單的點子給打亂，是一件驚人的事。有別於依照葡萄園來分級葡萄酒的布根地制度或按照價格分級葡萄酒的波爾多制度，這個美國老兄說：「如果我們用味道來進行分類呢？」然而，這樣的制度很難保持客觀。

如同前面所說，派克因為對 1982 年的波爾多讚不絕口，使他聲名大噪。然而，將葡萄酒分析簡化為數字評分，及其分數對全球酒價的影響，要等到 1990 年左右才真正變得明顯。儘管今天任何一位品酒人都該尊敬派克的成就（很多人確實相當尊敬他，評論家至今仍普遍使用他的評分系統），但他們也要注意，他的分數並沒有考慮到葡萄酒會隨著時間改變，可能變好，也可能變糟。在很多例子中，某些葡萄酒原本只是個

怪胎高中生，後來卻變成大老闆。但是，很少有葡萄酒被重新評分，而就算有，市場還是注重最初的分數。

但是，評論家還是很重要，對許多酒廠而言，得到高分對他們的影響很大。薩西凱亞一百分的 1985 年份酒一瓶可以賣 3,000 美元左右，而 1984 和 1986 則要價約 500 美元。1985 年確實比較優異，但是這樣的價格也確實過於膨脹。在大多數的例子中，曾經拿到高分的酒永遠都是高分的酒。為了在葡萄酒誕生的第一天得到高分，1990 年代到 21 世紀初的製酒方式改變了，造成很多不好的結果。

另外，在這段時期，波爾多和加州等較富裕的地區出現了製酒顧問的市場。這些學者會指導製酒商使用較新的工具，像是建議使用不同的酵母菌株、在發酵過程中添加營養物質、分析半成品的化學成分以確保最後達到預期的理想味道。服務內容還有更多。像法國的米歇爾·侯隆（Michel Rolland）這樣的顧問會協助想一舉成名的新酒廠和試著做出漸受歡迎的味道的老酒廠。羅蘭的綽號是「飛行製酒師」，因為他替世界各地超過 150 間酒廠提供顧問服務。羅蘭有一份配方，成品的味道十分一致：果香、乾淨、大膽。羅蘭給予的建議會刻意把酒做得迎合派克喜歡的風味，而不去管葡萄園的土質可以（也應該）生產什麼樣的葡萄酒。

1990 年代到 21 世紀初是個極端的時期。有些酒雖然可以運用新科技對付全球暖化初期可怕的氣溫，有些酒卻可以放手讓大自然多發揮一點影響力。簡言之，新觀念跟舊標準互相衝突，再加上氣候變遷初期徵兆帶來的影響，使得這幾年的酒喝起來很多都充滿不確定感，只有少數保持鎮定的得以勝出。

宏偉而優雅

在酒標上寫下「自1481年便父子相傳的葡萄種植者」，是相當大膽的宣言。世界上只有一間酒廠能夠說出這種大話，那就是隆河谷地的夏夫酒莊。

夏夫酒莊是艾米達吉山丘扎根最深的地主，葡萄酒的產量很大。他們的艾米達吉白酒和艾米達吉紅酒跟世界上的任何酒一樣長壽、耐放。這個家族的旗艦酒是紅酒，由艾米達吉多塊不同土地所採收的百分之百希哈製成。希哈是一種深色的葡萄，可以生產架構宏大的酒，但在夏夫酒莊的手中卻帶有某種優雅，使這款葡萄酒因為鮮明的黑胡椒和薰衣草風味聞名。他們的正字標記就是用獨特的方式混釀個別土地的葡萄，創造出配得上家族卓越名聲的最終成品。聽了可不要有壓力。因此，夏夫家族決定在1990年推出紅酒的特別款時，請放心，這項決定不是為了追逐潮流衝動做出的，也不是為了在這個卓越的年份大賺一筆。這款酒稱作凱瑟琳特釀，只有在一年一度不同土地的混釀可為艾米達吉帶來獨特轉折的特殊年份才會推出。這款酒在1990年首次推出之後，總共只做過7次，因此極為稀有。要辨識這一年可以製造凱瑟琳，還是只能製造一般的艾米達吉紅酒，得靠夏夫家族的味覺和觸覺來判斷。在這款史無前例的1990年份酒，他們找到了自己一直在尋找的風味。

夏夫被視為隆河地區屹立最久的傳奇，艾蒙則是最快達到那個境界的酒莊。1990年，剛來到這個圈子的蒂埃里·艾蒙（Thierry Allemand）開始用自己的酒標製酒。他先前曾在大名鼎鼎的努埃·維瑟手下當學徒，維瑟跟艾蒙一樣只做高納斯──隆河北部最南邊的希哈產區──的酒。典型的高納斯馥郁、色深、寬廣。高納斯葡萄酒可以是那樣，但在優雅輕柔對待葡萄的艾蒙手裡，成品卻維持了細緻風味的巧妙平衡。多虧了他，年輕的地區和製酒師後來也採用了這種比較溫柔的希哈製造風格。

2月11日，因為反對南非種族隔離制度而被監禁長達27年的納爾遜·曼德拉（Nelson Mandela）出獄。長達4年的廢除種族隔離協商也在同一年展開。

切穿最後一塊岩石之後，在英吉利海峽的兩邊從事挖掘工作許久的英法兩國工人握手道賀。自從數十萬年前一場巨大洪水形成這片海峽以來，英法海底隧道首度連接大不列顛和歐陸。

巴基斯坦總理班娜姬·布托（Benazir Bhutto）成為第一個在任內生產的現代國家元首。她生了一名女嬰。

1990

百分之白：
隆河北部的白酒

隆河北部最好的紅酒把它們的葡萄變得溫馴，以保存優雅風味，而這個地區較少人知道的白酒則是大部分都充滿花香和糖漬果乾的風味，可以充當芳香劑使用。這裡要避開的地雷很多，但是值得入手的那些真的很獨特，包括夏夫酒莊的艾米達吉白酒以及最頂尖的格里葉堡。

夏夫酒莊的艾米達吉白酒是用瑪珊和胡珊這兩種葡萄製成，在年輕時飲用，就像直接從罐子裡生飲橄欖油，但又多了杏仁、杏桃和鹽巴的風味，而不是沙拉淋醬。隨著時間過去，甚至是過了 100 年這麼久，這些白酒仍可維持新鮮，演變成柑橘、小豆蔻和草本植物的美妙組合。沒錯，這不是人人都喜歡的味道。習慣飲用夏布利、松塞爾、甚至布根地等比較清爽的干白酒的人，可能會覺得這種酒很難入口。但，

相信我，經過 30 年左右，一支艾米達吉白酒和一塊優質的法國乳酪會跟喬治‧克隆尼和他的妻子一樣速配。

恭得里奧是另一個值得注意的地點，這是單一生產者產區，完全由格里葉堡以充滿花香、近似香水的維歐尼耶葡萄釀造。維歐尼耶如果種植在肥沃的土壤裡，可能變得非常成熟和奇異，開始出現洗碗精的味道——這種葡萄酒大部分都有洗髮乳的味道，而且往往價格過高、品質總是很差。但，種在這小小的地區（面積僅 10 英畝，每年生產約一萬瓶），維歐尼耶就是不一樣。格里葉堡的老藤所攀附的壯觀藤架，就搭建在酒廠周圍的花崗岩懸崖上。這裡的土壤較清淡，可以種出風味較細緻的葡萄。格里葉堡不只是最棒的維歐尼耶，還比維歐尼耶更棒。

樂華玩真的

拉露‧貝茲－樂華（Lalou Bize-Leroy）生在葡萄酒家庭。她的家族自1942年就一直共同持有布根地的羅曼尼康帝酒莊，而更早之前，他們就已在1868年經營過酒商生意「樂華之家」。也就是說，樂華家族從創業這個概念出現以來，就是創業家了。他們的商業模式並不獨特：從沒沒無聞的農夫那裡購買製好的葡萄酒，然後用自己的名字販售。這種「白標」模型現在依然存在，但沒有人像樂華家族這麼懂得訂價。

拉露大可過著輕輕鬆鬆的日子，坐享她從這些生意的持有股份獲得的股息，但在1988年，她決定開始自己製酒。她在這個地區買了一些葡萄園後成立了樂華酒莊，此外還創立了多芙內酒莊，將為數甚少的葡萄園大部分用來做白酒。儘管這個家族從來不曾自己製酒，但是拉露跟任何人一樣熟悉布根地，這使得她幾乎馬上就取得成功。

假如自家製造的樂華葡萄酒有哪個年份稱霸，那肯定是1991年。布根地才剛要轉型到有機農業，拉露便率先提倡釀造傑賀葡萄酒的關鍵在於葡萄園的作業方式。沒錯，她的酒從第一天就是使用生物動力農法栽種的葡萄。1991年的天氣不像溫暖又強大的1990年那麼晴朗，因此市場一開始不以為意（受到高度讚揚的年份之後的那一年通常會被忽視，純粹因為前一年太成功了。波爾多在1982年獲得巨大成功後，1983年也發生了同樣的情況）。雖然1991年起初因為時機不好而不受重視，但這些酒在經過陳年後，最終還是慢慢搶走1990年的市場。樂華酒莊1991年的焦點紅酒包括蜜思妮、李奇堡、香貝丹和羅曼尼－聖維馮。年輕時，這些酒喝起來酸度銳利清爽，跟1990年較甜的葡萄酒不同，但這正是讓它們可以更穩定陳年的原因。現在，1991年的樂華價錢幾乎是1990年的一倍。品質有好一倍嗎？沒有。有變得更好嗎？有，樂華家族也知道。只要他們懂得好酒是什麼，就能把生意做好。基於這點，他們也值得受人尊敬。

皇后合唱團音域橫跨3個8度的主唱佛萊迪‧墨裘瑞（Freddie Mercury）在向全世界透露自己罹患愛滋病一天後，因為併發症死於倫敦。

明尼蘇達大學的研究員研發了蜜脆蘋果，被認為是第一個蘋果「品牌」。

12月26日，蘇聯自行投票解散，冷戰正式結束。

1991

月亮週期與糞肥：
生物動力葡萄酒

「生物動力」是一個相當主流的詞彙，用來描述一套頗為深奧的概念。這個務農方式除了是一種農法，也是一門科學性靈哲學，由奧地利的性靈主義者魯道夫・史坦納（Rudolf Steiner，創辦華德福教育的同一個人）開創。1924 年，為了回應當時非常流行的化學農業，史坦納發表一系列的演講，說明他認為一座農場就是一個活生生的有機體，因此務農方式應該是要維繫平衡、與自然合作，而非對抗自然。他知道這些演說只是第一份草稿，還有很多事情必須完成，但他還沒來得及完善自己的觀點就過世了。這些沒有修飾的演說成了生物動力論的聖經。

生物動力農法的核心基礎其實跟有機農法一模一樣：不用化學物質；盡可能使用糞肥取代工業肥料；不使用殺蟲劑，而是要跟生態環境合力驅趕害蟲。這種農法建議的做法有的很有道理，從很久以前就是農業很重要的一部分，如輪耕和堆肥。根據月亮週期來播種和採收也是非常非常古老的概念：在古代，日曆尚未標準化時，月亮是判斷時節的方式，因此才能知道何時播種。然而，有些做法卻比較古怪，偏向神祕主義，如製備草藥、運用宇宙力量、進行近乎邪教的儀式，像是在一年當中的特定時間將牛角裝滿牛糞埋起來。

史坦納藉由冥想和靈視開發自己的方法，但是我們還沒看見任何可靠的科學研究提到生物動力農法的效力。事實上，在近期的一篇論文中，有園藝學的專家主張：「生物動力農法的任何效果都只是一種信念，而非事實。」然而，有一些製酒師聲稱，他們可以客觀判斷生物動力種植的葡萄和單純有機種植的葡萄之間的差異。這就是為什麼生物動力不是專為葡萄酒設計的哲學，但葡萄酒產業卻比其他領域更熱忱地採納。1969 年，阿爾薩斯的尤金‧邁耶（Eugène Meyer）成為第一個這麼做的人，因為在化學噴劑損害了他的視神經之後，他對慣行農法感到幻滅。這個做法後來流行到羅亞爾河，接著又往東擴及到梧雷，最後來到布根地，在那裡由安－克勞德‧樂弗雷（Anne-Claude Leflaive）領頭。現在，這項趨勢達到前所未有的規模。美國目前擁有全世界第三多的生物動力酒廠，而且非官方的數字比獲得認證的還大，因為有很多人選擇不實行最像邪教的做法。連最奢華、最矯揉造作、最不嬉皮的水晶香檳都宣傳自己的酒是生物動力酒，你就知道這有多火紅。

巨星誕生

90 年代初，樂弗雷酒莊在蒙哈樹特級園買下一塊土地時，布根地才剛要從本來沒什麼地位的產區變成今天世界上每英畝葡萄園價值最高的地區。現在回頭看，那場交易就好比在微軟上市前一天購買它的股份一樣。

樂弗雷在當時已被認為是法國最厲害的白酒製造商之一，所以這筆土地交易跟他們的身分很匹配，但是蒙哈樹園的買賣結案時，安－克勞德·樂弗雷才剛在皮耶·莫瑞（參見第 106 頁）的協助下，接管家族那間跟她同名的酒廠。她不是製酒師，但她對栽種葡萄非常有興趣。樂弗雷一邊慢慢將所有的土地轉變為生物動力農法，並與他人分享她的見解：尊重土地，就能做出更好的酒。蒙哈樹生產了許多被普遍認為是史上最棒的白酒，但將這裡的特殊土壤表現得最好的，絕對是樂弗雷酒莊每年使用單一橡木桶（差不多只有 300 瓶）所生產的葡萄酒。在這些珍貴的酒瓶之中，又屬 1992 年的最優質。其他地區經歷致命的降雨，但 1992 卻是布根地的巨星。

樂弗雷在創造法國最經典的白酒時，那帕谷的琴·菲利普斯（Jean Philips）和海蒂·彼得森（Heidi Peterson）則在嘯鷹酒莊努力製造後來美國最貴的紅酒。這兩人才剛開始葡萄酒生涯。琴原本是很會帶看葡萄園土地的房地產仲介，並未打算製造明星葡萄酒。她會買下嘯鷹葡萄園，純粹是因為她對這塊土地的潛力有很好的預感。後來，琴找了海蒂一起加入，海蒂當時是一位很有前途的製酒師。

1992 年，因為羅伯特·派克的影響力，那帕谷正開始出現新一波的繁榮景象。派克有辦法改變製酒師的人生，而他確實改變了琴和海蒂的生命，因為他為嘯鷹酒莊的第一款年份酒打了 99 分。這款年份酒跟其他比較濃烈的酒很快就變成使那帕谷來到巔峰的主角，將目標放在濃郁，而非精微。嘯鷹酒莊和其他製酒商使用新的橡木桶，並將葡萄放得更成熟，使糖分比以往還高，藉此做出更龐大（對一些人來說也更棒）的酒。在當時，結合這兩種方式帶來驚人的啟發。第一口嘯鷹葡萄酒會令人瞠目結舌，就像第一次挖一口熱烤阿拉斯加來吃一樣。它的價格有必要這麼高嗎？沒有，但是毫無疑問地，琴和海蒂製造美酒的意圖是相當單純的。

在美國，莎莎醬的銷售量第一次超越番茄醬。

美國總統老布希在一次正式的國宴場合，嘔吐在日本首相身上，於是日本人發明了一個新詞「ブッシュする」，字面意義是「做了布希的行為」，衍生出「在公共場合嘔吐」的意思。

美國著名的作曲家史蒂芬·桑坦（Stephen Sondheim）和作家華勒斯·史達格納（Wallace Stegner）拒絕接受國家藝術獎章，以對他們眼中的美國藝術審查制度表達抗議。

1992

加州之愛

許多偉大的發明最後都會出現一個爭議：是誰先做到的？例如微積分、電話和加州卡本內膜拜酒。有些人說，嘯鷹在 1992 年率先讓購買一瓶美國酒變成崇拜披頭四一般的狂熱（參見第 145 頁），有些人則認為最早做到這件事的，是哈蘭酒莊或辛卡儂酒莊。

1990 年創立的哈蘭酒莊每年只生產少量葡萄酒，他們對自己一致和純粹品質感到很自豪。憑著那帕谷最棒的葡萄園特有的威力和力量，哈蘭是少數會被法國酒愛好者收藏的美國酒之一。這是對大部分的加州卡本內都很卓越的一年，溫和的天氣創造出來的酒擁有現代風格的飽滿酒體，又有老派經典的鹹鮮風味。然而，這款酒剛推出時不像今天那樣被認為是巨星，因為有些人覺得它太過銳利輕盈。在時間的催化下，哈蘭的 1994 年份酒才成為這間酒廠歷史上的焦點。

哈蘭安靜而勤奮，辛卡儂（SQN）則恰恰相反。同一年，家鄉位於奧地利的洛杉磯餐廳老闆曼弗雷德・克蘭克（Manfred Krankl）創立這間耀眼奪目的酒廠。就在那第一年，他製造了四桶半的希哈紅酒（約 1,500 支），稱之為黑桃 Q。黑桃 Q 證明西岸的葡萄不只有卡本內和夏多內。除了希哈，洛杉磯附近的文土拉縣也有在其溫暖乾燥的葡萄園種植格納希和慕維得爾等其他隆河谷地的品種。那帕谷的葡萄酒喜歡從波爾多尋找靈感，而這些酒則嚮往成為法國隆河南部那些充滿果醬和草本植物風味的葡萄酒，像是教皇新堡（參見第 127 頁）。但，SQN 完全不想模仿舊世界，克蘭克從一開始華麗推出黑桃 Q 時便清楚表明這一點。2021 年以前，克蘭克會為每一款酒創造新的名稱、設計新的酒標，有的看起來像撲克牌，有的像情趣用品。克蘭克完全沒有從法國尋找靈感，但是他毫不低調的行銷手法卻是美國最厲害的：從 1994 年的第一款酒開始，SQN 每年都售罄，要加入他們的零售郵寄名單得等好幾年。在這個產業，名稱叫「腹語師」、酒標設計抽象的葡萄酒很少、也不太可能喝起來很棒，但克蘭克卻能同時做到浮誇、隨興和製造佳釀的挑戰。

南極成為唯一一座禁止狗出現的大陸，原因是擔心牠們會將疾病傳染給當地的海豹。

麥可・佛萊利（Michael Flatley）令人眼花撩亂的愛爾蘭踢踏舞表演【大河之舞】在這一年的歐洲歌唱大賽中首次出現在世人眼前，但只是做為過場演出。

青鱂是第一種在太空進行交配的脊椎動物。

1994

橘酒的代名詞是什麼？
格拉夫納。

格拉夫納這個姓氏不像達文西、阿利吉耶里、凡賽斯和費里尼那樣明顯就是義大利姓氏，但跟這些鼎鼎大名的名字一樣，約斯科‧格拉夫納（Josko Gravner）在他自己的領域也是個重要人物。格拉夫納來自義大利東北角的夫里烏利，那是一個獨樹一幟的地區，方言和文化受到東邊接壤的斯洛維尼亞很大的影響，比義大利其他鄰近地區所產生的影響還大，而當地出產的葡萄酒也反映了這點。格拉夫納不僅是這個地區、也是整個葡萄酒世界的先驅，因為他致力於製造橘酒。他不是第一個製造橘酒的人，但他讓橘酒再度受到世人矚目。

在 1980 年代，格拉夫納大部分都是製造經典的白酒。這些酒充滿果香和花香，很不錯，但也很普通。但當他去了一趟喬治亞之後，一切都變了。在當地，他看見把酒放在一種巨大陶甕中埋在地底下陳釀的技術。依然比使用不鏽鋼酒桶盛行，於是在 2001 年開始將自己位於夫里烏利的酒廠改為這種風格。漸漸地，他也將酒廠和葡萄園的做法轉向低度干預。現在，格拉夫納的葡萄園充滿葡萄以外的生機，聽起來就像一個鳥類天堂。

1996 年，格拉夫納推出一款稱作貝格的混釀酒，是他第一款商業銷售的橘酒。然而，人們竟給予憤怒和厭惡的評價。那狂野的風味實在離其他地方超級乾淨準確的白酒太遠了。當時的義大利市場吹捧的是像水一樣的極簡主義白酒，但是格拉夫納的貝格卻完全是傑克森‧波洛克（Jackson Pollock）的畫作。之後，格拉夫納的橘酒持續演變，有些品種不再使用（如灰皮諾），葡萄酒放在陶甕裡陳年的時間長度也有所改變。唯一不變的是，格拉夫納的橘酒獨樹一幟。

以桃莉‧巴頓的名字命名的桃莉羊在蘇格蘭愛丁堡的羅斯林研究所誕生，是第一隻由成年細胞複製而來的哺乳動物。

這一年的4月1日愚人節，餐飲品牌塔可鐘（Taco Bell）在各大報紙上刊登全幅廣告，宣布它買下了自由鐘，並將它重新命名為塔可自由鐘，以便減少國債。

一隻大猩猩希望在25歲生日得到什麼禮物呢？答案是一箱可怕的橡膠蛇和蜥蜴。至少，因為會比手語而出名的大猩猩可可是要求這樣的禮物，而且也真的收到了。

1996

過時的東西
再度復興：橘酒

橘酒已經存在數千年，但是只在過去幾十年才變得主流，全都多虧了我們的朋友約斯科‧格拉夫納。換句話說，橘酒就跟羽衣甘藍一樣，退燒五千年之後，又再強勢回歸。橘酒現在在世界各地都有製造，從麝香到夏多內，幾乎可以用所有的葡萄品種釀造。橘酒跟浸皮葡萄酒是一樣的東西，因此你可能會看見它們被歸為同類。雖然相關術語有所不同（令人困惑），但這些酒現在在酒單和葡萄酒專賣店佔據的地位越來越穩。

橘酒的製造方式是，將白葡萄跟果皮放在一起發酵夠長的時間，最後萃取出以典型風格製成的酒不會出現的馥郁風味。橘酒基本上就是粉紅酒的相反。粉紅酒是用製造白酒的方式製成的紅酒，橘酒則是用紅酒的方式製成的白酒。傳統的做法是，將白葡萄壓碎後，果汁和果皮會立刻分開。但是當果汁繼續接觸果皮和種籽，就會染上它們的顏色，久而久之變得比較深。灰皮諾和白蘇維翁起初可能接近透明或檸檬色，但是經過幾個小時（或甚至幾個月，端視生產者偏好的風格而定）之後，會變成深淺不一的橘色。長時間浸皮不僅影響色澤，還會賦予成品酒體以及深沉的風味，包括堅果、杏桃和酸釀啤酒。這便是為什麼如果將傳統的白酒比喻成檸檬水，橘酒就好比康普茶，兩者都是清涼提神的飲料，但是前者即使檸檬品種不一樣，喝起來卻都差不多，後者則總是有一種強烈的味道，風味差異很大。有些橘酒可以陳年很久，有些跟牛奶一樣很快就酸敗了。

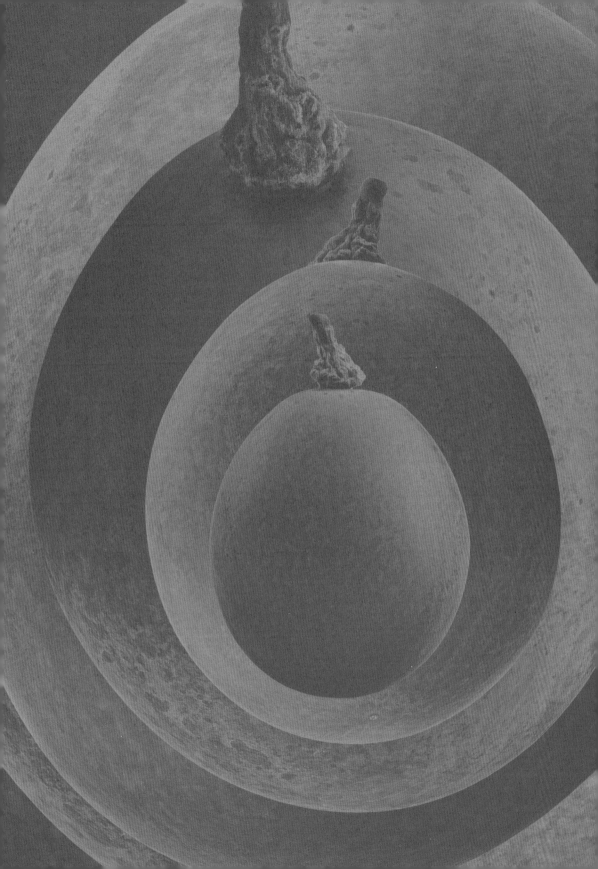

滑順得不得了

一部高預算的好萊塢新片要上映時，炒作的熱度似乎暗示它肯定會抱走奧斯卡。葡萄酒產業也是一樣，特別棒的收成彷彿在宣告：史上最棒的年份酒要來臨了！在 1997 年，義大利人慶祝得特別賣力。巧合的是（但也或許不是），自從偉大的 1990 年之後，這裡連續出現好幾個黯淡的年份——至少評論家是這麼說的。當時，評論家喜歡從第一天風味就比較柔軟馥郁的酒。這段期間出現了「滑順」這個主觀的形容詞，用來表示一支酒十分適飲。這常用來描述口感宛如熱巧克力的葡萄酒，而這種酒通常都很龐大、酒精濃度高。1997 年的義大利葡萄酒便非常滑順。

這個年份最大的噱頭來自托斯卡尼的國際性葡萄，例如歐尼拉雅、索拉亞和天娜露。巴羅洛的巨星（當時備受讚譽，現今已不再被視為有此價值）有傑樂托酒莊的巴羅洛羅克園及羅貝多沃吉歐酒莊的巴羅洛布內園，是第一款得到 100 分評分的葡萄酒。

義大利人為 1997 年製造的噱頭帶動需求暴增的現象，維持了好一陣子。因此，餐廳抬高了 1997 的價格，超越 1998，更超越 1996。消費者會明確要求來一支 1997，這相當於在宣告他們最喜歡的海鮮是魚子醬、最喜歡的肉類是鵝肝。這股熱潮持續了 10 年左右，對葡萄酒來說並不算長。事實上，1997 年的酒跟紅極一時的男孩團體一樣，隨著時間流逝，已不復當年的風采。

被禁止36年後，在紐約替人刺青又變回合法了。官員宣稱，1961年會實施禁令是因為B型肝炎爆發，但有人認為那只是為了在64年的世界博覽會之前整頓市容。

辣妹合唱團的【想要】榮登告示牌百大單曲榜榜首，而世人因為女子團體「天命真女」發行首張專輯主打單曲【不不不】而認識了碧昂絲。

史丹佛大學的博士生賴瑞·佩吉（Larry Page）和謝爾蓋·布林（Sergey Brin）註冊了網域名稱google.com，以便放置他們最初取名為「抓背」的研究計畫。

1997

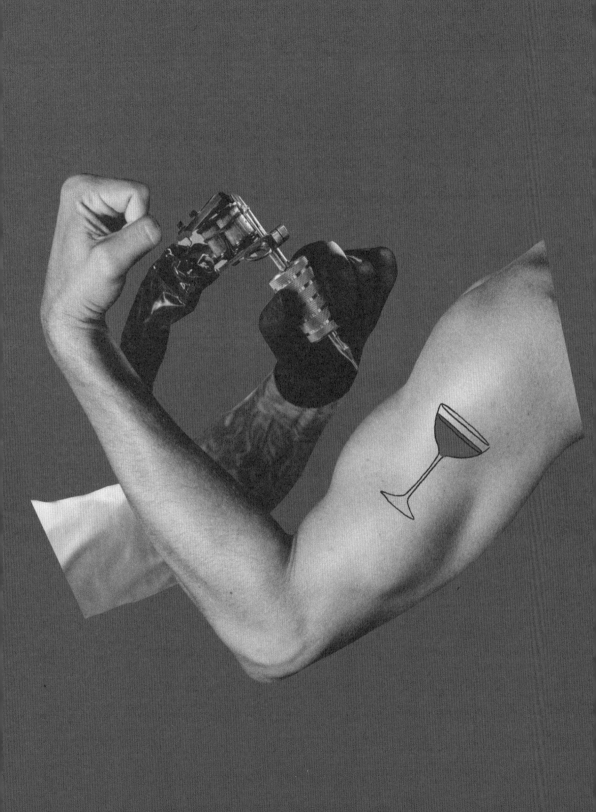

對抗主流

義大利葡萄酒在 2000 年代初並未展現最佳風采。這乍看之下好像是個好點子，但現在回頭看，其實沒那麼酷，因為在當時，國際知名的義大利葡萄酒會刻意仿效那時非常流行的北加州紅酒的味道。我們不能怪製酒商生產消費者想要買的酒，畢竟金錢能使鬼推磨，但是幸好，在同一個時間，比托斯卡尼和巴羅洛更為偏遠的地區有一些製酒商選擇忠於自己的根源，生產出義大利最受到讚揚的葡萄酒。

其中一個地區是埃特納山。這是一個非常古老的葡萄酒產區——這座位於西西里島的活火山已經種植葡萄好幾千年了。後來，那裡也有種植夏多內、梅洛和希哈，因為這些品種很容易融入在葡萄酒專賣店的貨架上。這些葡萄主要是用來大量生產，意思是它們做成的酒會被拿來喝，純粹是因為那是含有酒精的液體。但是後來，一個跟本南蒂（Benanti）家族合作的年輕製酒師薩沃·佛堤（Salvo Foti）卻說：「等等，我們可以做得更好。」他們從 1990 年開始努力，到了 2001 年，品質已經好到讓埃特納山擠進國際美酒地圖。

打著本南蒂的名號，佛堤和這個家族一起使用埃特納山當地的品種製酒。他們的白酒琵特拉瑪琳娜（Pietramarina）是用卡利坎特葡萄製成，這是一種帶有清爽鹹鮮風味的白葡萄，最好的時候嚐起來像頂尖的夏布利，最糟的時候則是一款簡單止渴的義大利白酒；他們的紅酒女伯爵溫室（Serra della Contessa）和羅威特洛（Rovittelle）是用奈萊洛葡萄製成，會製造出比較近似黑皮諾和巴羅洛的紅酒，而非義大利南部常見的深色馥郁紅酒。佛堤的做法為埃特納山掀起一股復興運動，接著影響了整個西西里島。卡拉布雷塔酒莊和黑土酒莊的馬可·德·格拉齊亞（Marc de Grazia）等生產者也成功跟進，製造出具有強烈地方感的葡萄酒，一喝就知道來自西西里島。

本南蒂採取的是傳統的製酒方式（雖然是用當地的品種），至於 2001 年在埃特納山成立一座酒莊的比利時製酒師法蘭克·寇涅立森（Frank Cornelissen）則非常前衛。在尋找製酒靈感時，他不是往前看，而是往後看，他使用奈萊洛葡萄製酒，但在生長季節不對葡萄藤進行任何處理，成品也不添加硫。寇涅立森被認為是將這種極端的自然酒風格帶給義大利民眾和其他更多人的推手，他的影響力就跟他製酒所在的那座火山一樣重大。

回到內陸，在中南部的阿布魯佐，瓦倫堤尼酒莊正在製造紅酒、白酒，

大小威廉絲在美國網球公開賽的決賽對上彼此，是自從莫德·華生（Maud Watson）1884年在溫布頓擊敗姊姊莉莉安之後，第一對競爭大滿貫冠軍的姊妹。

蘋果公司推出iTunes和第一代iPod。

經過近12年的努力後，義大利的比薩斜塔被拉直超過40公分，因此重新對外開放。工程師相信，他們所做的努力可以讓這座將近850歲的建築活到至少1,000歲。

2001

還有一種使用崔比亞諾和蒙普洽諾等本地葡萄製作而成的驚人粉紅酒。這些是義大利種得最多的葡萄品種，用來生產義大利品質最一致的中庸葡萄酒——只有在瓦倫堤尼酒莊的手中除外。因此，雖然瓦倫堤尼酒莊每年的產量只佔這些葡萄總產量的一點點，卻代表了它們幾乎所有的潛能。瓦倫堤尼酒莊的風格跟當時的每一個葡萄酒趨勢相左：紅酒色澤很深、充滿鮮味，白酒色澤混濁、風味馥郁，是鹹味白酒的象徵。此外，他們的粉紅酒喝起來比較像是輕盈的自然紅酒，而不是傳統的粉紅酒，在當地稱作切拉蘇。瓦倫堤尼酒莊跟另外兩家阿布魯佐生產者提貝羅酒莊和埃米迪歐佩佩酒莊一起在義大利的變遷期間堅守自我，最後成為這個國家較不為人所知的代表之一。現在，他們的酒名列全球最受到讚揚的葡萄酒。

若以產量來説，米亞尼酒莊是義大利葡萄酒最小的代表，位在東北部的夫里烏利。米亞尼酒莊每年有做幾桶紅酒，但是他們使用夫里烏拉諾、瑪爾維薩和黃麗波拉等當地品種製成的濃郁強勁的白酒才是收藏家尋覓的酒款。夫里烏利是個難以定義的地區，但是米亞尼的酒是這個地方最棒的表現。他們獨家的配方是以布根地為靈感，在裝瓶之前會使用小橡木桶陳年葡萄酒。這個做法不可能大量生產，原因不是葡萄園產得少，而是因為園主恩佐·彭東尼（Enzo Pontoni）把葡萄樹當造景盆栽在照顧。他使用的是平常不被認為能夠做出佳釀的葡萄，很溫柔地引出它們的口感、馥郁和陳年潛力。彭東尼的白酒比大部分的義大利白酒（灰皮諾是當中最無味的）有趣許多。2001 年，灰皮諾仍然統治著義大利白酒，但是這年對白酒整體的品質來説是一個顯著的轉捩點。

像水的酒：
灰皮諾

在葡萄酒世界，灰皮諾（pinot grigio）相當於伏特加，是整個產業的主力產品，也是較沒經驗的消費者的入門磚。這種葡萄很好種，要製成酒也很迅速便宜，不要求陳年期。因此，你會看到灰皮諾跟粉紅酒一樣早推出——大約在葡萄採收後 6 到 9 個月。有少數灰皮諾值得尊敬，但大部分都不需要記得。畢竟，它的生產目的就是呈現單純中性的風味。

由於灰皮諾被過度商業化，且採行工業種植方式，極少有剛入行的製酒商會把時間浪費在這種葡萄身上。這些佔據超市貨架的葡萄酒至今仍以 1980 年代到 2000 年代初期的風格進行製造：輕盈、中性、廉價。雖然喝一杯冰冰涼涼（甚至是裝滿冰塊）的灰皮諾不是壞事，但要注意：很多灰皮諾都很難喝！

假如你決心要喝灰皮諾，請去尋找這些侍酒師認可的生產者：

- 妲莉亞瑪莉絲（Dalia Maris）
- 薇妮卡與薇妮卡（Venica & Venica）
- 杜林製酒商（Vignai Da Duline）

假如你想喝跟灰皮諾一樣容易飲用的葡萄酒，但願意擴展自己的味蕾，請去尋找這些品種的葡萄：

- 法蘭吉娜（Falanghina）
- 菲亞諾 - 阿維林諾（Fiano di Avellino）
- 夫里烏拉諾（Friulano）
- 格里科（Greco di Tufo）
- 維蒂奇諾（Verdicchio）
- 維蒙蒂諾（Vermentino）

羅曼尼再出發

在布根地，土地的確切位置可能帶來很大的差異，幸運的話讓你好幾個世代都很興隆，倒楣的話你就只能羨慕那位名氣響亮的隔壁鄰居。這裡比其他地區還明顯的是，每一塊土地接觸太陽的程度、土壤的組成和確切的海拔高度足以區分好酒和無價之酒。同樣更甚其他地區的是，這個地區沒有祕密；因為已經被研究好幾千年，人都知道最好的土地在哪裡。現在要在這裡購買等級較高的葡萄園幾乎是不可能的事，因為該地區受到嚴格法律保護，除了限制開發，也限制誰能投資這裡的土地。所以，這個歷史悠久的地區會怎麼發生轉變？答案是慢慢地。

曾幾何時，拉塔西和羅曼尼這兩座地位相當於〈蒙娜麗莎〉和〈救世主〉的布根地葡萄園，是由利捷貝勒家族所持有。但，利捷貝勒的一家之主在 1924 年去世、他的遺孀也在 1931 年跟著離世之後，這對夫妻的 10 個子女所繼承的財產差點不保。當時的複雜法律規定這些繼承物必須平分給所有的繼承人，同時規定繼承人必須年滿 18 歲，也就是法定的成年年齡。很不幸，這 10 名子女當中有兩人未成年，因此在 1933 年，政府強迫公開拍賣他們的土地。家族的其中兩位繼承人——米歇爾和身為神父的哥哥尤斯特——合力買了其中幾座葡萄園，包括整座羅曼尼。羅曼尼葡萄園無論當時或現在，都生產了全世界最棒的單一園葡萄酒。有一段時間，尤斯特和米歇爾買回來的葡萄園是租給品質次等、規模龐大的布夏酒廠。過了兩個世代，米歇爾的孫子路易－米歇爾·利捷貝勒（Louis-Michel Liger-Belair）完成工程和葡萄釀酒的學位。在這之後，他的軍官父親亨利才同意他實現夢想，那就是回去如詩如畫的馮內 - 侯瑪內村莊，從長期租客的手中收回葡萄園。路易－米歇爾在 2002 年第一次以家族的名義推出葡萄酒。從那以後，路易－米歇爾彷彿是要彌補這幾十年失去的時間，將家族的製酒名聲重新恢復到這個地區最高的水準。

1月1日，歐元硬幣和紙鈔上路了，展開史上最有野心的貨幣更換政策。

美國總統小布希同意將尤卡山做為該國的核廢料棄置處，規劃者奮力想找到方法警告未來的世代不要在那裡進行挖掘。內華達州最後做出反抗，因此美國到現在還不曉得該怎麼處理自己的輻射垃圾。

電視節目【美國偶像】首播，瑞安·西克雷斯特（Ryan Seacrest）無所不在的時代展開了。

2002

地球烤箱

先前，最受到盛譽的年份酒都是來自天氣炎熱的那幾年（參見第 61 頁）。炎熱的年份「最棒」，純粹是因為在相反的寒冷年份，葡萄會不夠成熟，無法達到最佳風味。可是，要多熱才算熱過頭？我們在 2003 年找到了答案。這年，所有的高溫紀錄都被打破，導致歐洲的舊世界葡萄酒產區一片混亂。葡萄還不到 9 月就開始採收，是有史以來最早的紀錄。人們第一次開始認真思考氣候變遷對葡萄酒的風味會帶來什麼影響。

高溫會創造笨重單一的風味，沒有空間表現細微變化，因此極端溫度帶來的葡萄酒大部分都馬上被摒棄。這正好是羅伯特·派克的影響力達到巔峰的一年，因此更加無濟於事。酒精含量增加了，自然把 2003 年的葡萄酒全部帶往派克喜歡的風格——加州酒的那種馥郁和果醬風味，就連歐洲的製酒師也沒有排斥。對大部分的人來說，這有點丟臉，畢竟要使歐洲酒失了顏面，最簡單的方法就是說它喝起來像加州酒。

儘管很多人都希望這個年份早已被人淡忘，但有些人和有些地區卻被那年的太陽曬得特別出色，在風味濃郁的葡萄酒當中找到自信的波爾多便是其中一例。

這個年份依然帶有汙點，大部分的收藏家都不會想碰 2003 年的酒。然而，你如果找得到以下這些酒，它們的風味還是值得品嚐的。這些波爾多生產者製造了這年最備受讚譽和最強大的葡萄酒：

- 歐頌堡（Château Ausone）
- 拉菲堡（Château Lafite Rothschild）
- 拉圖堡（Château Latour）

可以在3小時內橫跨大西洋的超音速客機協和號最後一次從紐約飛往倫敦。

經過了13年，人類基因組計畫終於完成，成功將我們99％的基因藍圖定序，準確度高達99.99％。

擁有一間7-11連鎖店的納林德·巴德瓦爾（Narinder Badwal）很興奮地得知自己賣出加州樂透的得獎彩券，可以獲得25萬美元的佣金。不僅如此，他還發現原來他把這張價值超過4,900萬美元的彩券賣給了自己。他和妻子為了慶祝，免費發放思樂冰給顧客。

2003

黑暗的一面

在 2004 年的夏天，天氣相當陰涼。寒冷的年份會生產出酸度尖銳的酸性葡萄酒。對白酒而言，這是件好事，因為酸度高的葡萄酒有辦法一邊陳年、一邊保持勁涼清新（參見第 166 頁）。對紅酒而言，這種天氣做出來的酒非常輕盈，有些地區甚至認為這是缺點，因為綠色草本植物和青草的風味太重了。如果你習慣喝溫暖年份所帶來的酒精含量高的葡萄酒具有的甜美柔軟風味，寒冷年份的紅酒喝起來可能不太舒服。這就好比咬一口你以為會很甜美多汁的桃子，卻發現它又酸又硬。但，就像桃子只是需要時間成熟，2004 年的紅酒只是需要待在酒瓶裡多一點時間，例如布根地的葡萄酒。過了 20 年，這些收藏家本來會避開的葡萄酒現在已經名列這個地區最有價值的酒。

一個年份如果被認為很糟，做出來的葡萄酒會維持低價很多年，像一瓶 2004 年的酒價格可能只有 2005 年同一款酒的一半，就只因為那年名聲不佳。但，2004 年有一位生產者的酒肯定不便宜，那就是雷勒·恩格爾。這一年是這間酒廠最後一年推出葡萄酒。這間酒廠成立於 1919 年，在傳承三代之後，賣給了法國億萬富翁弗朗索瓦·皮諾（François Pinault）。恩格爾的布根地紅酒以馥郁和開懷的風格聞名，因此在 2004 年這個鹹鮮和青綠風味特別明顯的年份，他的作品恰好取得了平衡。他卓越的名聲主要是來自死後成名的效應，但這間謙遜的小酒廠的確製造了一些很棒的酒。2004 年雖然不是他們最好的作品，但是做為這個歷史悠久的家族最後的年份，這絕對是風味絕佳、值得尊敬的結業方式。

恩格爾的傳奇體面地結束了，但是義大利布魯內洛最知名的一些生產者最終卻以爭議收場。布魯內洛不應該是這麼龐大的酒，就好比蘭斯·阿姆斯壯（Lance Armstrong）根本不該有這麼多精力一樣。根據布魯內洛蒙塔奇諾 DOCG 的法規（參見第 108 頁），要在酒標上標示「布魯內洛蒙塔奇諾」的字樣，酒瓶裡的酒只能使用托斯卡尼的本土葡萄桑嬌維賽製成。跟 2000 年代初最能訂出高價的飽滿馥郁葡萄酒不同，桑嬌維賽做出來的酒顏色偏淺、酸度尖銳，就像黑皮諾，但是在傳統生產者的手中，桑嬌維賽的細緻風味帶有微妙的層次，足以跟世界上最偉大的葡萄酒競爭。可是注重商機、堅決不走傳統路線的生產者想要透過捷徑快速獲得國際聲響。2004 年，安傑諾、安蒂諾里、邦飛和佛卡提等酒廠突然推出有史以來最為濃郁的布魯內洛，充滿巧克力、果醬和橡木的風味。這些華艷的葡萄酒實在太令人不可置信，導致世界各地的專家有所質疑，在 2008 年促成一起國際調查。調查結果是，跟那些環法自行

哈佛大二學生馬克·祖克柏在宿舍裡創立了 Facebook。

〈他們說再見的那一集〉：【六人行】拍攝最後一集。演員們在落幕前的鞠躬場景情緒太過激動，導致妝容必須重新上過，才能開始拍攝。

由中國藥劑師韓力發明的電子菸上市，是第一款取得商業成功的電子菸。之前的電子菸從未流行，包括最早在1920年代設計的產品。

2004

車選手一樣，布魯內洛也有用藥：生產者注入人工色素，並使用風味更濃、色澤更深的葡萄品種來假造比這種酒天生的特性更馥郁的葡萄酒。

另一方面，蒙塔奇諾「真正」的葡萄酒這一年做得非常成功。波吉歐索托、天堂、薩維奧尼和切巴尤那等較不為人所知、但是在這一行打滾很久的生產者，創造了這片土地有史以來最棒的酒。他們的酒比較輕盈、經典，因此比較真實。同一時間，史黛拉酒莊和皮安戴奧尼諾酒莊等新酒廠興起，是蒙塔奇諾下一代的優秀生產者。今天，他們 2004 年和更之前的年份是世界上最多人尋覓的葡萄酒之一。這些酒在細緻與濃郁中取得了平衡，帶有獨特的地方特色和絕佳的陳年潛力。這個年份不需要誇大自己的風味；假如一支 2004 沒有櫻桃乾、草本植物或日曬番茄乾的風味，你就可以知道它不是真正的布魯內洛。

炎熱的滋味：
氣候變遷

冰雹等極端天氣可能摧毀一整年的作物，而大火可能使葡萄酒喝起來像老舊的飯店房間。但是姑且不論自然災害，穩穩上升的氣溫就已經從根本上改變了葡萄酒的味道。自 2003 年以來，全球氣溫持續升高（2022 年的倫敦熱到機場跑道都融化了），製酒商不得不學著適應這個新事實，接受自己的葡萄酒到了某種程度，喝起來就不可能再像從前一樣。

對於以前的天氣太過寒冷的某些地方來說，這是件好事：英國現在開始生產很不錯的氣泡酒，而加拿大、佛蒙特州和巴塔哥尼亞也開始進入這個產業。但在原本擁有完美氣候的地區，過度的高溫和陽光卻把葡萄變成了葡萄乾，使葡萄酒變得越來越厚重、酒精濃度高、甜得嚇死人。本來平衡得恰到好處的優雅葡萄酒現在逼近加烈葡萄酒的範疇。比方說，在乾燥、陽光充足的教皇新堡，某些生產者現在必須減少原本因口感豐富而備受稱讚的紅酒內所內所含的酒精。至於在上一次短版上衣流行的時候天氣還很涼爽的那帕谷，我們恐怕再也看不到酒精濃度低於 13% 的葡萄酒了。

所以，製酒商做了什麼來適應？很多人改成晚間或一大清早採收葡萄，因為那時候酸度最高；有的人在實驗較高的海拔；遮陽設備會有幫助，但很貴；改變葡萄藤的面向可能也會有效（你家的盆栽原本喜歡被放在南面曬太陽，現在則要避免這麼做），修剪時讓葉子自成遮陽傘也是。有些製酒商把葡萄藤嫁接到抗旱的根部，有些——咳咳，工業生產者——則在實驗使用電透析法增加酸度，或是使用生產較少酒精的新酵母菌株。

然而，這些方法都有限度。布根地的規範機構通過了幾年前都令人無法想像的做法：使用不同的葡萄進行混釀，讓酒保持平衡。這只是暫時的實驗，10 年後當局還會重新評估，淘汰任何不適合的品種。不管實驗結果如何，這場實驗本身都代表了未來的趨勢。

好人短命：
白酒的陳年問題

當你想像有一個人從酒窖裡拿出一支沾滿灰塵的酒瓶時，你通常會想到紅酒（這是有道理的，因為使紅酒呈現紅色的那個東西可以抵禦時間帶來的許多殘害），但是白酒其實也可以陳放。通常是這樣啦，但有時候就是沒辦法，也沒有人知道原因。

謎團就從 2000 年代初開始，當時有一些收藏家興沖沖想品嚐布根地白酒的兩個極品年份── 95 年和 96 年，卻驚駭地發現出了很大的問題。這些酒本應該可以陳年 20 到 30 年的，結果不到 10 年就變得毫無生氣，色深、油滑、呆板、苦澀，喝起來就像煮熟的蔬菜和蜂蠟。葡萄酒產業專家點出問題出在「過早氧化」，可是沒有人知道是什麼造成這個現象。

過早氧化的問題不只出在 95 和 96 年的酒，也不只侷限於布根地白酒，或法國，或甚至歐洲。這個問題開始出現在從加州到澳洲的各地葡萄酒，影響範圍包括甜酒、干型葡萄酒、氣泡酒和靜態酒。有人還估計，在特別嚴重的一年，這個問題殘害了高達一半的葡萄酒。2014 年左右，開始有謠言說過早氧化也影響到紅酒了，但這個狀況並沒有很多紀錄。

科學家和生產者都投入時間和金錢進行研究，但還是沒有找出原因。提出的理論多得令人頭昏眼花。有人認為原因是機械壓榨在 1995 年左右改為較溫和的液壓壓榨；有人把原因指向全球暖化，因為過熟的葡萄會缺乏某些保護性質的化合物；有

人把這歸咎於過度攪拌葡萄酒，也就是「攪桶」這項古老技巧；另外一個理論則是，由於消費者越來越注重自己放進肚裡的東西，有些生產者便不再使用殺蟲劑，結果導致雜草生長過度，跟葡萄藤搶奪水分，而太過緊迫的葡萄藤無法產生足夠的天然抗氧化劑；注重健康的生產者也會添加少一點硫在酒裡，但由於這種抗氧化劑和防腐劑量不夠多，葡萄酒幾乎沒有任何保護；最後，很多人點出同一箱葡萄酒的過早氧化狀況不一問題出在軟木塞。由於全球對葡萄酒的需求在 90 年代中葉激增，軟木塞製造商來不及生產，品質因而下降。有些葡萄種植者為了殺死造成軟木塞汙染的真菌，將軟木塞放進雙氧水清洗，卻帶來另一個問題──很多人懷疑雙氧水混進葡萄酒之後，觸發了氧化連鎖反應。

今天，在媒體第一次提及過早氧化的問題超過 20 年後，這個危機不知怎地減緩了。確切的原因依然不明，但生產者根據上述任一個他們所相信的理論進行調整後（恢復使用機械壓榨、增加硫的用量、改用旋轉瓶蓋或合成軟木塞等），酒瓶過早氧化的比例已經減少。有些人甚至說，原本已經氧化的酒款現在喝起來又很棒了（不過科學尚未證實葡萄酒的氧化現象有可能逆轉）。

被倒光的葡萄酒

到了 2006 年，美國的葡萄酒市場已經爬升到前所未有的高度。有一種新類型的收藏家出現了，華爾街的資金和現金充斥的牛市讓他們的口袋很深。一支年輕的加州卡本內要價 1,000 美元，葡萄酒拍賣產業的收益短短幾天就突破 3,000 萬美元。葡萄酒從靜悄悄的奢侈品，變成美國新富的餐桌上不可或缺的嘉賓。

這一年同樣關鍵的是，備受評論家讚賞的龐大、高酒精含量風格漸漸轉變為對老派、低干預手段重新興起的需求。你甚至可以說，今天人們對自然酒的狂熱（參見第 182 頁）是從這時候開始的。最能體現這項變遷的，就是吉安法蘭科·索德拉（Gianfranco Soldera）的葡萄酒，因為這些酒橫跨兩個世界，對酒評分數著迷和對手藝著迷的人都會喜歡。

索德拉在義大利蒙塔奇諾一塊稱作「矮房」的土地上，成立了自己的酒廠。大家都知道他這個人不好相處，但他堅持不懈的性格轉變成品質極高的葡萄酒，結合了桑嬌維賽的細緻和草本植物香氣以及一種柔軟卻又清新的味道。然而，索德拉的個性也導致一個懷恨在心的員工用對他傷害最大的方式報復他。

布魯內洛蒙塔奇諾需要很長的陳年時間，才能把它的力量精煉成適飲的葡萄酒。這種酒必須在木製容器中陳放最少 3 年，但索德拉把陳年的時間拉得更長。這表示，酒廠同時存放了 6 個年份的葡萄酒。那位員工深知這點，也知道索德拉不靠任何科技生活，連警報系統也沒有。曾說過只喝自家葡萄酒的高傲索德拉在某個寒冷的早晨醒來後，發現自己 2007 到 2012 年之間製造的每個酒桶，都在半夜被倒進酒廠的排水孔。更慘的是，這件事發生在他的晚年。2006 年的索德拉布魯內洛蒙塔奇諾是這款酒的最後一批，儘管索德拉在 2019 年去世前有再製造少量葡萄酒，卻再也不曾使用布魯內洛蒙塔奇諾的酒標生產年份酒。

美國國立心理健康研究所的研究員發現，透過靜脈注射一劑動物麻醉用、但也被拿來做為娛樂性藥物的K他命，有助減輕嚴重憂鬱症的症狀。

水金地火木土天海冥：成為太陽系第9顆行星76年的冥王星被國際天文學聯合會貶為矮行星。

當LOLcats.com 這個網域名稱被註冊時，網際網路也邁向了它的「命定」之路。

2006

內在才重要

隨著時間過去，在 20 世紀初製造很棒的酒的那些重量級生產者，大部分都難以同時維持品質和跟上潮流。沒錯，這些大人物或許擁有世界上最棒的土地，但在這 100 年來，波爾多、布根地和香檳出現了無數個年輕一代的製酒師，證明好酒不是擁有絕頂葡萄園就能做得出來：天賦異稟的葡萄種植者也是必要的，才能夠確保好的葡萄不會變成廉價酒。同樣地，這些大酒廠雖然已經製造美酒超過百年，但也都學到一個道理，那就是失敗的原因很多，要維持好品質非常不容易。想要做得更好，需要花更多錢；新的天氣型態扭轉了局勢；人們的品味改變了。

但在 2008 年，有一間重量級酒廠在同儕之間表現突出，它就是擁有 175 年歷史的香檳酒莊庫克。庫克的主要酒款稱作特釀，每年都會推出，是一款混釀多達 20 個年份的葡萄酒（參見第 32 頁），整體風格偏向馥郁綿密的香檳風味。然而，有時採收的葡萄如果品質夠好，本身所能提供的價值比跟其他年份混釀還高，庫克就會推出年份酒。從 1990 到 2022 年，他們只有推出 10 款年份酒，其中 2008 年的品質無可挑剔，就連對庫克香檳的奢華有所埋怨的人手上拿一杯都會笑。

2008 年不只有庫克出了名，但酒瓶裡面的東西真正配得上其名聲的，恐怕只有庫克。這一年，波爾多酒廠拉菲堡的行銷部門將數字八的漢字刻在瓶身上。八在中國被認為是最幸運的數字，象徵著財富、好運和繁榮。這幾個詞確實都能用來形容 2008 拉菲堡的成功：包裝上的那一點額外小巧思把它的價格提高了 20%。這款酒本身沒有那麼好，但是這樣的行銷手法確實很成功。

美國作家雷貝嘉‧索尼特（Rebecca Solnit）的散文《男言之癮：那些對女人說教的男人》精準描述了「男人說教」（mansplaining）的現象，使這個詞竄紅。

借貸的成本和門檻過低造成了2008年的金融危機，是繼經濟大蕭條以來最嚴重的經濟衰退。至少，這次沒有禁酒令需要忍受了。

在挪威偏遠的北極斯瓦巴地區，位於砂岩山脈深處的全球種子庫開放了。這種子庫是世界用來對付人為和自然災害的預防手段。第一次提領發生在2015年，目的是要重新復育在敘利亞內戰期間遺失的種子。

2008

PART IV

THE CURIOUS AGE

(2009 TO PRESENT)

第四部分
充滿好奇的時代
（2009年至今）

在過去，品飲葡萄酒是為了量化葡萄酒及品飲者的聲望和毫不掩飾的財富（想想那個小拇指翹起來優雅轉動一只巨大酒杯的畫面），因此下一代會轉而對非主流和未知的事物感到著迷，似乎是很自然的趨勢。這個時代在乎的是你購買的奶油來自哪一間農場、黑膠唱片的復甦，還有為了反抗傳統，穿球鞋到你口袋名單中的高級餐廳吃飯。探索再次變成焦點所在，而在葡萄酒的領域，這意味著對長久以來被認為很「偉大」的那些酒的價值提出質疑。在這個時期，好奇勝過經典，因而改變了酒單的樣貌，把更多葡萄酒帶到世界上更多的角落，讓不同的族群和文化都更容易接觸葡萄酒。以前，法國高山上的小酒廠絕對沒有看過自己的產品出現在墨西哥市的卓越餐廳。

這些較不為人所知的生產者，很多都是靠社群媒體成功的。曾幾何時，你得訂閱羅伯特・派克的通訊報或（更糟的是）購買《葡萄酒愛好者》（Wine Enthusiast），才有辦法知道專家都在喝什麼酒。現在，你可以一邊閱讀沙發的最新流行款式和觀看你朋友新養的小狗照片，一邊了解葡萄酒的新知。除此之外，優秀的進口商和優秀的葡萄酒吧越來越多，更是讓一般大眾都能免費認識葡萄酒。

雖然品嚐老酒永遠都是值得好好把握的機會，但今天年輕一輩的製酒師知識淵博、令人尊敬、充滿熱情的作品也同樣令人滿意。有些菜鳥生產者一夕之間就變成傳奇，而捍衛傳統的老師傅卻迅速遭到遺忘。今天的消費者沒有酒窖也沒有收藏；當下最棒的葡萄酒有些做出來馬上就該飲用，而且不用花你一個月的房租。到頭來，最棒的酒就是在你喝的當下讓你心情開

懷的酒，不是嗎？

但，可別放下防衛心：由於科技的進步和飲酒量大增的現象，市面上也出現比以前更多的壞酒。公開聲明：名人代言和易開罐包裝的酒會出現在市面上，並不是因為它們的生產者多愛自己的產品──他們只是在好好把握一個蓬勃發展的市場。

氣候變遷的速度也為這一代帶來前所未見的新挑戰。冰雹常常摧毀一整年的作物；大火汙染葡萄酒的風味，就像營火的煙味吸附在毛衣那樣；最可怕的是，高溫永久改變了某些產區的風味，使其從原本安靜的優雅轉變成龐大的怪獸。從 1980 年代到 2000 年代初，消費者最喜歡龐大葡萄酒的力道，但現在人們最愛酸、清新和輕盈。消費者不再尋找果醬和奶油風味，而是要找土壤和鹽巴風味。但，就跟有些酒的風味濃到令人驚豔卻不美味一樣，隨著這個趨勢持續進展，現在有些酒也被認為口感太過輕盈、酸度太尖銳、風味太偏鹹鮮。從這兩個例子可以看出，太過努力追求一個趨勢最後都會變成品味很差。況且，這是一場無論如何都打不贏的仗，因為潮流每一季都在改變。最厲害的生產者完全不會追逐風味的潮流，而是埋頭苦幹，把產品做到最好就是了。

這個好奇心重、充滿探索和拓展味蕾的時代很值得慶祝。但，現在就聲稱哪一些酒應該跟身經百戰的那些酒獲得同樣的敬意，就太愚蠢了，畢竟品味還持續在演變。因此，我們在討論比較近期的年份時，比較不會談到特定的酒款，而是會聊聊新奇的風格以及本來較不為人所知、現在卻已受到全球關注的地區。無論新舊，你都找得到很多美酒。保持好奇心，你就不會出錯。

姊妹攜手

就像許多社群媒體的網紅自介一樣，在布根地，你會發現很多酒廠的名字中間有連字號，例如卡納－德拉格朗日、楓丹－卡納、拉米－皮洛和梅歐－卡慕賽——這份名單可以繼續列下去。你也會發現，同一個姓氏出現在好幾個酒廠的名稱。這是因為同一個家族分裂成不同的酒廠，例如某個堂哥或妹妹決定離開去做自己的酒。不要因為名稱很像就被騙了：帝寶利捷貝勒酒莊所做的酒跟利捷貝勒伯爵酒莊很不一樣，就好比奧立維樂弗雷酒莊所做的酒也跟樂弗雷酒莊很不一樣。然而，莫聶黑吉布酒莊、喬治莫聶黑酒莊和喬治莫聶黑吉布酒莊的狀況又不一樣了。

1933 年，安德烈・莫聶黑（André Mugneret）和妻子珍・吉布（Jeanne Gibourg）在馮內-侯瑪內成立了莫聶黑吉布酒莊。他們的兒子喬治・莫聶黑醫生（Georges Mugneret）接管家族事業，在整個 1980 年代努力經營，將它改名為喬治莫聶黑酒莊。他在 1988 年過世之後，他的妻子賈桂琳掌控酒廠，並在 2009 年退休後交給女兒瑪莉－克莉絲汀和瑪麗－安德瑞・莫聶黑（Marie-Christine and Marie-Andrée Mugneret）。

為了對她們所繼承的家族事業表達敬意，這兩姊妹再次把它更名為喬治莫聶黑吉布酒莊，結合祖父母和父親的名字，替讓她們能夠繼承這間酒廠的多個世代致意。就像稍微更動名字常常會出現的結果那樣，酒廠的品質也改變了。在這個例子中，品質的改變是累積了許多年緩慢發生的，而且是從很好變成非常傑出。在瑪麗－克莉絲汀和瑪麗－安德瑞完全接管酒廠的那一年，她們的酒就取得國際名譽。2009 年的年份酒來得正是時候，因為剛從經濟大衰退復甦的美國市場對布根地的需求比以前都還要大。這款年份酒產量多，層次豐富，容易被廣大的國際市場所接受，年輕時就達到適飲標準。

今天，瑪麗－克莉絲汀和瑪麗－安德瑞是整個布根地的頂尖生產者。她們的風格滑順、芬芳如香水。在這個地區，所有的葡萄酒都有能力變得輕盈、迎合群眾，但在製酒過程中所做的某些決定，可能把酒導到樸實簡單的方向。要在布根地的生產者之間進行挑選有一點很難，那就是同一座村莊、同一種葡萄、同一個年份的兩支酒，風味可能很不一樣。好的布根地會成功，取決於製酒師的雙手，而這兩姊妹的雙手除了特別有才華，還能攜手聯合。她們成功將家族的名稱——無論經歷多少改變——帶到巨星水準，當之無愧。

猶他州一輛卡車不小心將 18,000公斤的漢堡肉灑在馬路上。幾小時後，另一輛卡車打滑，濺出車上的啤酒。當地報紙的頭條標題是：「紅肉與啤酒在週二造成主要幹道阻塞，早晨通勤速度因此變慢。」無人傷亡。

1998年成立的國際刑事法院首次進行審判。

同志社交平台Grindr和虛擬貨幣比特幣都是在這一年問世。

2009

「次等」：
布根地的新人生產者

對於想要開創事業的年輕製酒師來說，布根地是個幾乎不可能辦到的地方。基於這個原因，過去 20 年來這裡只有出現幾間酒廠，而且幾乎都不是在那些著名的城鎮，如馮內－侯瑪內、香波蜜思妮、梅索和普里尼－蒙哈榭。反之，很長一段時間以來，新的生產者都是把目光放在被認為沒那麼理想的地區和葡萄。全球暖化帶來的一個好處是，這些鄰近地區現在生產的葡萄品質，已經相當接近數世紀以來被認為是最佳種植點的那些村莊。把充滿動力的年輕製酒師、較容易負擔的土地和連續幾個不錯的年份結合起來，結果就是新布根地幾乎有史以來最令人興奮的時代。

這些生產者很多都用稍微不太一樣的風格製酒，偏向比較自然、色澤較淡的紅酒以及風味較鹹的白酒。有些生產者則比較注重經典，令人想起他們在歷史最悠久的一些酒廠工作的時光，像是香桐布里埃、昂傑維爾和胡洛酒莊。很多人也開始喜歡過去被低估的葡萄品種阿里哥蝶，這是布根地的另一種白葡萄，以前總被隨便地製成酒。促成這場變革的主因可能是阿里哥蝶成本低廉，而不是因為它很有潛力，但在這些生產者的手中，它確實很美味。這個「次等」葡萄的品質很好，卻還不為人知，但肯定不久就會進入全盛期。

除了前面提到的生產者，還有其他新生代的製酒師主宰了這個產業，把先前從來沒被當成巨星的名稱帶到神一般的高度。以下列出值得嘗試的酒莊：

布根地白酒：

- 阿諾‧昂特（Arnaud Ente）
- 布瓦頌－瓦都（Boisson-Vadot）
- 頌夢酒莊（Chanterêves）
- 巴切萊蒙諾酒莊（Domaine Bachelet-Monnot）
- 卡西歐佩酒莊（Domaine de Cassiopée）
- 維廉那酒莊（Domaine de Villaine）
- 杜黑詹蒂爾酒莊（Domaine Dureuil-Janthial）
- 亨利日耳曼父子酒莊（Domaine Henri Germain et Fils）
- 禹貝拉米酒莊（Domaine Hubert Lamy）
- 拉米卡亞特酒莊（Domaine Lamy-Caillat）
- 保羅皮洛酒莊（Domaine Paul Pillot）
- 瓦萊特酒莊（Maison Valette）
- 皮耶伊芙‧科林莫瑞（Pierre-Yves Colin-Morey）
- 文森‧丹瑟（Vincent Dancer）

布根地紅酒：

- 查爾斯‧拉肖（Charles Lachaux）
- 貝朵－吉蓓酒莊（Domaine Berthaut-Gerbet）
- 克洛伊酒莊（Domaine des Croix）
- 迪迪耶弗諾酒莊（Domaine Didier Fornerol）
- 杜侯樹酒莊（Domaine Duroché）
- 光陰酒莊（Domaine les Horées）
- 尚一馬克‧文森（Jean-Marc Vincent）
- MC 蒂利酒莊（Maison MC Thiriet）
- 西爾萬‧帕塔耶（Sylvain Pataille）

夏布利與查理曼

2010 年是一個幾乎在每個地方都完美無瑕的年份。對以夏多內為主要品種的布根地白酒而言，這更是有史以來最棒的年份，特別是考量到未來的白酒葡萄園經常會面臨的挑戰（參見第 190 頁）。在這精采的一年，有兩個英雄呈現了這個地區的兩個極端，也就是夏布利地區口感銳利、帶有鹹味的風格以及高登查理曼葡萄園濃稠馥郁的葡萄酒。這兩個英雄分別是文森多非薩酒莊和科旭－杜麗酒莊。

在所有製造夏多內的地區中，夏布利的版本最清爽、最鹹，跟梅索、普里尼－蒙哈榭和夏山－蒙哈榭等比較經典的布根地產區製造的厚重風格葡萄酒大相逕庭。這種葡萄固有的風味在這一年特別明顯，使 2010 年成為傳奇夏布利的年份，而這之中最優質的又屬文森多非薩夏布利普爾日特級園。在近年來之前，夏布利是以簡單的商業酒聞名，但是法國對灰皮諾的處理方式——文森多非薩的方法——可是一點也不簡單。多非薩的葡萄酒就像一幅極簡主義畫作或一張北歐風的椅子，安靜優雅又低調，品質和工藝也是頂尖的。儘管多非薩的葡萄園位置絕佳，那卻不是他們的酒勝過別人的唯一原因。他們的製酒方式比較費力費時，使用橡木桶來小心陳年，反觀其他夏布利生產者則是使用可進行較多控制的不鏽鋼桶，讓葡萄更快變成葡萄酒。多非薩的方法做出來的酒風味明亮、口感馥郁。

說到「富裕」，科旭－杜麗酒莊的布根地白酒相當於百達翡麗手錶：時髦、稀有，在收藏家眼中神祕無比。以最能代表法國的事物來說，科旭的歷史相對較短。這間酒廠是在 1975 年尚－弗朗索瓦・科旭（Jean-François Coche）和歐蒂兒・杜麗（Odile Dury）結婚後正式成立的，這兩家人在梅索附近都擁有葡萄園。科旭的名稱如果會讓人想起一款酒，那絕對是由布根地白酒的超級產地高登查理曼葡萄園所生產的白酒。高登查理曼葡萄園的夏多內有辦法熟到極致，進而出現像紅酒那樣馥郁豐滿的風味。在科旭的魔法力量下，成品除了有高登查理曼的酒體，又帶有其他生產者做不到的一絲清新。他的風格非常獨特，因此當他在 2010 年——他的最後一個布根地白酒年份——宣布退休，很多人都很懷疑他兒子拉斐爾能否繼續完美地製造最多人想要的這些白酒。自 2010 年之後，收藏家便一直質疑這間酒廠未來還能不能統治白酒世界。只有時間可以告訴我們拉斐爾是否成功，因為在他的領導下製造的酒還在陳年中。

冰島火山大爆發所造成的火山灰使歐洲大陸歷經第二次世界大戰以來最嚴重的空運阻礙。

美國電影導演凱薩琳・畢格羅（Kathryn Bigelow）因為【危機倒數】一片成為第一個榮獲奧斯卡最佳導演獎的女性。11年後，趙婷因為【游牧人生】抱了這個獎回家，才讓她不再是這個獎項唯一的得獎女性。

突尼西亞的水果攤販穆罕默德・布瓦吉吉（Mohamed Bouazizi）12月在政府大樓前潑油自焚身亡，點燃接下來數個月的突尼西亞茉莉花革命之火和範圍更廣的阿拉伯之春。

2010

#詩楠詩楠詩楠

2012 年，詩楠開始出現在各地的酒單。有一批注重自然的生產者在一些世界頂尖的侍酒師的支持下，把詩楠帶到各地的餐桌上，甚至還讓它有了自己的熱門主題標籤。沒錯，白梢楠因為 Instagram 成為家家戶戶都認識的葡萄酒。幸好，這種葡萄沒有付錢請人追蹤，因為在對的生產者手裡，這不只是噱頭。

白梢楠是來自法國隆河谷地的白葡萄品種，雖然世界上其他地方也找得到，但是不像披薩（不要標註我，義大利），它沒有在自己的產地種植，就會失去其特性。白梢楠是梭密爾、安茹、莎弗尼耶、梧雷、蒙路易等法國產地唯一的白葡萄品種，你可以在酒標上看見這些產地名稱。梭密爾、安茹和莎弗尼耶的詩楠具有很高的酸度以及微微的鹹味和堅果風味，跟白蘇維翁等其他葡萄的果香和花香不同。它很不一樣，而在2012 年前後，不一樣變得很重要。雖然有些隆河生產者會製造極端的自然酒，使成品的風味比起酒更像醋，但是也有一些體現了自然酒的理念，採取有機農法、盡量減少硫的添加，卻又能生產出跟其他白酒一樣優秀的成品。在這個排不上名的法國地區，要說有哪一款詩楠比其他的更好，那一定是羅傑酒莊的作品。

羅傑酒莊不是新成立的酒廠，但是白梢楠不是它的主力。事實上，羅傑酒莊更出名的封號是隆河谷地紅葡萄品種卡本內弗朗最偉大的生產者。在羅傑酒莊的所有人傅柯家族的手中，卡本內弗朗跟波爾多或布根地的任何美酒一樣，是品質極佳的紅酒，就是他們引爆了全世界對這種葡萄的熱忱。它獨特的地方是，它有菸草、深色櫻桃和乾辣椒的龐大風味，但是味道又跟冰過的薄酒來或較輕盈的希哈一樣細緻而令人振奮。除了紅酒，他們還有製造少量的白梢楠，是他們的產品中最罕見的酒款，使用梭密爾布雷澤葡萄園的百年老藤製成。布雷澤是一座具有特級園水準的詩楠葡萄園，酒標上寫有「布雷澤」幾字的白酒喝起來寬廣但無橡木味，是這麼有力量的白酒很難得一見的。這是發揮了最大潛力的白梢楠，有著布根地的酒體和只有隆河才找得到的風味。

羅傑酒莊也為這個地區的其他生產者開闢了嶄露頭角之路。90 年代中葉，羅曼·吉伯特（Romain Guiberteau）還在念法律學校時，接管家族酒廠吉伯特酒莊的機會出現了。他向羅傑酒莊的納迪·傅柯（Nady Foucault）請教如何管理他隔壁的白梢楠和卡本內弗朗葡萄園。吉伯特的葡萄酒跟羅傑酒莊的酒一樣反映了產地的特性，製造出來的白酒和紅酒馥郁但清爽、帶有鹹鮮風味但輕盈，就像他的導師著名的風格。

美國最高法院同意審查美國訴溫莎案，為3年後的同性婚姻合法化鋪路。

加拿大政府宣布，每一枚需要1.6分成本製造的一分硬幣將不再流通，因此最後一枚一分加幣在5月4日鑄造。

瑞士科學家研發出可以只靠思想控制的機器人。

2012

從古至今，世界各地的製酒師過往的資歷往往會反映在他們所製造的葡萄酒風味中。要寫一篇文章探討這些傳奇的夥伴關係，篇幅會很長，但是針對詩楠的另一個成功故事，我們可以認識史蒂芬・伯諾多（Stéphane Bernaudeau）這個人，他在自立門戶之前，曾替隆河最早的自然酒製酒師——獨角獸酒莊的馬克・安傑利（Mark Angeli）——工作。伯諾多在安茹製酒，那裡就在比較知名的梭密爾的下游。安茹有名的是甜酒，但他的小小莊園生產的酒完全不屬於甜酒。事實上，最好不要對伯諾多的酒有任何預期心理，因為他太前衛了，無法被歸類。他的白酒屬於最近才開始受到歡迎的風格，現在被認為相當傑出。這些酒很自然，帶有輕微的混濁色澤、不太輕微的鹹味以及世界上所有的干白酒都有的酸度。此外，這些酒也超級稀有。伯諾多的葡萄酒是這個地區最早有人開始收藏的自然酒，他的成功事蹟只能跟侏羅的皮耶・歐維諾娃和阿布魯佐的瓦倫堤尼酒莊相比。他最頂級的酒來自嬰兒園的百年老藤。

那是什麼？
自然酒

今天，如果你在時髦的葡萄酒吧點了有機或自然或生物動力葡萄酒以外的東西，你可能會覺得自己好像在純素餐廳點了肉食料理。可是，啜飲混濁的自然氣泡酒的那些人，有多少知道這三者的差別？

有機酒是最容易定義的，跟製酒過程的栽種階段有關。很簡單，只要是有機栽種的葡萄（沒有使用化肥或殺蟲劑）製成的葡萄酒就是有機的。

生物動力酒也跟栽種階段有關，可以想成是有機酒的升級版。就像所有的柑橘類都是水果，但不是所有的水果都是柑橘類，所有的生物動力酒都是有機酒，但不是所有的有機酒都是生物動力酒。要符合生物動力酒的定義，除了有機農法的基本標準之外，還要做到很多其他事（關於生物動力酒的更多細節，請參見第 142 頁）。

再來還有自然酒，又稱作「低科技」、「低干預」或「零／零酒」（意思是沒添加或帶走任何東西）。跟另外兩種酒不同，這種酒跟實際的製造過程有關。但如果有人說他知道自然酒確切的定義是什麼，他肯定在說謊。這個詞沒有法律定義，也不存在任何認證機構。大體而言，自然酒就是使用有機葡萄以最低的干預製成的酒。不加酵母，極少或完全沒有控制溫度，不加酵素或硫等防腐劑，不要過濾。製酒師有時候會很極端，像是有些生產者會說葡萄必須用手採摘和去梗，有些則說應該「整串」下去製酒，也就是在發酵過程中保留葡萄梗，為成品增添一種香料風味。

你可以找到很多很棒的自然酒，隨著這個運動持續成長茁壯，這一點會越來越明顯。但，極簡並不容易，而且葡萄酒有時很快就會變得很怪。因此，如果你不喜歡某些自然酒，不要覺得難過，這不表示你不喜歡所有的自然酒。

布洛托提升了巴羅洛

1940 年代展開的巴羅洛老派時代在 90 年代出現動盪,因為人們的品味漸漸改為更有果香、更濃郁強勁的國際風格葡萄酒。這個地區的酒廠很多都分成兩派──傳統和現代。批評傳統葡萄酒的人說這些酒需要花太多時間,才會變得溫和適飲(參見第 93 頁),但現代酒又缺乏單寧,使酒難以保持新鮮、具有獨特的巴羅洛風味。幸好,在 2000 年代初,口味的轉變在這兩派之間取得了平衡,尊重傳統捍衛者的風味,但也擁抱氣候變遷讓酒更早就適飲的能力。

在這個轉變期,布洛托酒莊脫穎而出。布洛托已經在巴羅洛海拔最高──也因此氣溫最涼爽──的韋爾杜諾製酒很久了,他們的葡萄園蒙維列羅位置絕佳,但只有最熱愛義大利酒的行家才知道這個地方。然而,評論家安東尼歐·加洛尼(Antonio Galloni)將布洛托 2013 年的葡萄酒給了 100 分之後,這一切改變了。10 年前可能得到 100 分的巴羅洛葡萄酒,跟布洛托的葡萄酒完全相反。這款獨一無二的巴羅洛是使用傳承數代的技巧製成,包括用腳踩踏葡萄和整串發酵以溫和帶出風味等,因此風味同時反映了布洛托的手藝和這座葡萄園的細緻特色。布洛托這樣製酒已經好幾十年,但是評論家先前都不喜歡這種風格。因此,這款極為芳香、精實和細緻的酒得到 100 分時,整個巴羅洛地區──包括製酒商本人──都很震驚。但,這款酒確實應得這樣的讚美,因為它證明巴羅洛也能製造出巧妙的酒,不只強大的酒。這個地區有越來越多生產者將布洛托視為模範,在維繫傳統的同時還能適應不斷變化的環境。

巴羅洛其他追尋優雅風格的優秀生產者還有:

- 布維亞酒莊(Brovia)
- 達西酒莊(Cantina d'Arcy)
- 皮諾酒莊(Cantina del Pino)
- 卡瓦洛塔酒莊(Cavallotto)
- 費迪南多·普林西皮亞諾(Ferdinando Principiano)
- 拉露酒莊(Lalú)
- 奧萊克·邦多尼奧(Olek Bondonio)
- 菲琳·伊莎貝爾(Philine Isabelle)
- 羅亞納酒莊(Roagna)
- 特雷迪貝里酒莊(Trediberri)

烏拉圭成為第一個將大麻合法化的國家。

中國放鬆一胎化的政策,以便因應快速老化的人口和男女比例失衡的現象。這項政策在2016年正式廢除。

一顆巨大的流星無預警在俄羅斯城市車里雅賓斯克的上方爆炸,造成超過1,000位居民受傷。科學家開始研發太空警衛,保護地球不被外太空飛來的物體侵害。

2013

保護北部：
上皮埃蒙特

上皮埃蒙特指的是皮埃蒙特北部的一些小地區，而皮埃蒙特則是巴羅洛和芭芭萊斯科所在的義大利省分。20 世紀初，上皮埃蒙特（這裡最著名的地區包括加蒂納拉、卡雷瑪、樂索納和布萊馬特拉）的葡萄園數量幾乎是今天的 100 倍。在接下來的幾十年，由於經濟拮据以及工人都跑到鄰近城市托里諾的飛雅特汽車工廠工作等緣故，製酒的產量越來越無法支撐這些地方。直到最近，這個地區的葡萄酒產業感覺才又開始能夠穩定下來，一大部分是因為巴羅洛在國際上獲得成功，而這個地區注重品質的一小群生產者也有功勞。這個子產區跟巴羅洛一樣，主要品種為內比歐露，但是這裡海拔更高、氣溫更低。因此，跟布洛托的風格類似，上皮埃蒙特的酒有著細緻輕盈的酒體，同時保留最棒的內比歐露擁有的誇大香氣和風味。巴羅洛最優秀也最有野心的製酒師——孔特諾酒莊的羅伯托·孔特諾（Roberto Conterno）——看見這裡的潛力，便在 2018 年買下加蒂納拉的奈爾維酒廠。有幾間酒廠已經努力一陣子，但到最近才又開始蓬勃。

如果你在尋找今天最有價值的一些義大利葡萄酒，就喝這些：

- 加蒂納拉的安東尼奧洛（Antoniolo in Gattinara）
- 布萊馬特拉的克里斯蒂亞諾·加瑞拉（Cristiano Garella in Bramaterra）
- 卡雷瑪的費蘭多酒莊（Ferrando in Carema）
- 布萊馬特拉的皮亞內勒酒莊（Le Pianelle in Bramaterra）
- 樂索納的施沛黎諾酒莊（Proprietà Sperino in Lessona）

帶來不幸的七

跟音樂專輯或限量推出的 H+M 設計師收藏不同，製酒商很少會互相合作。這不是說他們反對合作，只是採收葡萄通常是每一位生產者得自行忍受的事情。直到最近，由於氣候變遷讓收成越來越困難，世界上最屬害的一些製酒商開始把目光放在其他國家和半球，創造唯有採收時間不一樣才有可能辦到的合資企業。雖然這麼說，2016 年還是屬於例外。

2016 年，布根地經歷有史以來最嚴重的霜害。3、4 月的霜害最嚴重，因為此時是生長季節的初期。葡萄藤才剛開始萌芽，霜雪卻抑制了新芽的生長，導致新芽那一季長不出葡萄。這就好比在牌桌上拿到的第一手牌就讓你輸光所有的錢，想再去贏回來也沒有機會。

那一年，在世界上最昂貴、最高檔的白酒葡萄園蒙哈榭，7 個不同的所有人沒有一個收成足夠的葡萄來製造他們各自最優秀的酒款。於是，他們做了沒人想得到的事，團結起來共同出一款酒。但，就算全部湊在一起，這些葡萄也只生產的出 600 瓶，名稱取作「七莊特釀」。從法規上來說，這次合作沒有問題，因為整個蒙哈榭都是種植夏多內，因此每一塊土地的原物料都一模一樣。

然而，那年霜害不只影響產量。雖然 2016 年因為這次合作和數量稀少而出名，這些酒的味道卻不怎麼樣。領衡釀造的樂弗雷酒莊製酒師說，這次的努力雖然值得驕傲，「但我們希望永遠別再有這麼做的必要。」這是他本人說的。

以下列出 2016 年的 7 個蒙哈榭生產者以及他們那年賣出的瓶數：

- 克勞丁・佩蒂尚（Claudine Petitjean）：45 瓶，往年通常可賣 300 瓶
- 羅曼尼康帝酒莊（Domaine de la Romanée-Conti）：280 瓶，往年通常可賣 3,000 瓶
- 拉馮伯爵酒莊（Domaine des Comtes Lafon）：139 瓶，往年通常可賣 2,400 瓶
- 玫瑰香酒莊（Domaine Fleurot-Larose）：46 瓶，往年通常可賣 300 瓶
- 基艾米歐酒莊（Domaine Guy Amiot）：71 瓶，往年通常可賣 600 瓶
- 拉米－皮洛酒莊（Domaine Lamy-Pillot）：45 瓶，往年通常可賣 300 瓶
- 樂弗雷酒莊（Domaine Leflaive）：57 瓶，往年通常可賣 300 瓶

28 位泳者游過鹽分過高而難以孕育生命的死海，成為完成這項壯舉的第一人，目的是要提高人們對於這片水體可能即將消失的意識。

在這一年，林-曼努爾・米蘭達（Lin-Manuel Miranda）的作品【漢密爾頓】贏得東尼獎最佳音樂劇獎項，導致接下來數年一堆人在卡拉OK點這首歌。

英國投票決定離開歐盟、川普當選了美國總統，幸好仍有擴增實境遊戲【寶可夢GO】幫助我們逃離現實。

2016

頌揚法國小人物

離布根地不遠的法國高山地區侏羅是一個主要以自然酒聞名的產地，但它也應該被收進世界上最備受尊敬的葡萄酒名單中。有人針對這裡的歷史、甚至是這裡的土壤寫過專書。侏羅相當獨樹一幟，出產的酒有自己的特性，不管是氣泡酒、白酒、紅酒或甜酒。這裡的白葡萄有口感和風味相近的夏多內和薩瓦涅，紅酒品種黑皮諾、特盧梭和比較少見的普薩則通常會個別裝瓶。侏羅的白酒和紅酒都很常被拿去跟布根地葡萄酒相比，這是有原因的，因為兩個地區在風格上有很多相似點。

儘管有這段歷史，這裡最棒的生產者卻到 2017 年才開始變成葡萄酒世界的巨星。侏羅沒有任何集體的行銷策略，大眾純粹就是開始注意到侏羅生產的酒真的很棒，這也證實消費者已不再追逐 90 年代那種濃郁風格的酒，而是愛上今天那些清爽的酒。

侏羅的成功來自一批很早就相信這個地區很有潛力的生產者。皮耶歐維諾娃酒莊是侏羅史上最前衛也最重要的生產者，而在歐維諾娃之後，葛納華酒莊成為下一個被人崇拜的侏羅生產者。葛納華會混釀不同的年份和葡萄，並且運用各種製酒技巧，生產出一系列卓越卻令人困惑的葡萄酒。很適合做為侏羅葡萄酒入門的提索酒莊也有生產各式各樣的酒，包括親民的氣泡酒和稀少的單一園葡萄酒，展現這個地區有多廣闊。他們的白酒帶有鹹味、相當馥郁，紅酒則是狂野輕盈。此外，在賈克·普菲尼（Jacques Puffeney）2014 年賣掉葡萄園退休之前，他的酒也是美國市場很多人接觸侏羅的敲門磚，帶有些微土壤風味但仍十分乾淨、細膩，總是相當實惠、也總是令人折服。這些創始大老教出了最新的一代。這些新臉孔很快就變成這個地區的代表人物，他們往往會搶走侏羅最初那些生產者的光環，但是儘管有的確實讓人佩服，有的則純粹是因為初來乍到而備受矚目。

目前，侏羅最厲害的葡萄酒或許是出自日本製酒師鏡健二郎（鏡子酒莊）的那些。鏡健二郎在自然酒和經典酒之間取得了平衡。他的第一款年份酒是在 2011 年推出，且由於他的酒相當稀少，從那時候便一直是最多人追尋的法國葡萄酒之一。

跟鏡子酒莊類似，已故的帕斯卡·克萊雷特（Pascal Clairet）也是將優質的酒推出少少的量，造就了一間規模迷你、名氣卻極大的酒莊。克萊雷特的葡萄酒是示範侏羅獨一無二的特性最棒的例子之一。雖然他們跟侏羅大部分的酒莊一樣，依循自然酒的製造原則，但是把這些

科學家宣布 2016 年是歷史紀錄中最熱的一年，然而這項紀錄已連續多年被打破。

在夏威夷某座火山的山腳下隔絕 8 個月後，一支 6 人小隊眼神迷濛地從火星模擬計畫中重回外界；這項計畫的目的是要研究長時間太空任務對心理造成的影響。

海洋世界遊樂園承諾終結殺人鯨表演秀，但顯然全美各地的「遇見殺人鯨」表演節目並沒有算在內。

2017

酒貼上「自然酒」的標籤太簡略了。在如此天賦異稟的製酒師手中，這些酒非常純粹，而非狂野混濁。其他自然但經典的酒還包括可口、直白、難以定義（在這個例子中是件好事）的呢喃酒莊（Domaine des Murmures），以及艾蒂安·第伯（Étienne Thiebaud）的卡瓦羅德酒莊。前者成立於 2012 年，卻已經來勢洶洶打入拍賣市場，有人還拿他們的葡萄酒打賭，彷彿他們是注定成為下一位勒布朗·詹姆斯（LeBron James）的籃球校隊球員；不過，目前還是能以親民的價格享受呢喃酒莊的葡萄酒，不用付出高昂的價碼。後者則很快就被奉為侏羅最棒的生產者之一。第伯在創立這間酒莊前，曾在侏羅的傳奇酒莊拉圖奈爾工作，因此卡瓦羅德的酒有著跟拉圖奈爾類似的乾淨清爽風格。

還有其他自然酒的超級新星。如果你想要尋求驚喜，在尋找侏羅的自然酒時，就去找沒有添加硫，而且也不在乎是否符合任何人期望的生產者。

自然酒不斷挑戰風味的界限，而這些生產者可以
嘗試看看──如果你不愛喝自然酒，也可以加以
留意：

- 愛麗絲與小矮人酒莊（Domaine de l'Octavin）
- 朵蘿米酒莊（Les Dolomies）
- 佩姬和尚－帕斯卡·比宏弗斯（Peggy and Jean-Pascal Buronfosse）
- 菲利普·伯納（Phillppe Bornard）
- 黑農·布魯耶爾和艾德琳·胡庸（Renaud Bruyère & Adeline Houillon）

少來了：
粉紅酒

我們可以頗為信誓旦旦地說，過去 5 到 10 年來，粉紅酒產業出現了全盛期。無論是家庭主婦或波茲 · 馬龍（Post Malone），人人都要投資這門生意。此外，粉紅酒已經潛入罐頭、袋子、甚至冰沙機裡頭。這一切都顯示，粉紅酒不知何時已經不再好好當它的葡萄酒了。這並不丟臉，但我們應該強調粉紅酒早就已經從來自南法的淡粉色葡萄酒，變成自成一格的酒精類別。

大部分的粉紅酒都是使用傳統方式製造（也就是做法一模一樣），因此不管來自普羅旺斯或長島，喝起來幾乎全都沒有差別。然而，沒有理由因為這樣就不品嚐粉紅酒。在炎熱的夏天享受任何一杯冰冰涼涼的酒精，感覺都很棒。此外，粉紅酒也很好飲用，不需要晃動酒杯或嗅聞，只要一飲而盡，確保連假過後酒窖（或冰箱）裡沒剩一滴酒就好。

假如你真的想要提升你的粉紅酒體驗，可以找找採取有機農法、細心做出比大眾喝的更棒的產品的生產者。世界各地都有生產粉紅酒，幾乎每一個角落都找得到美味的作品。

去尋找下面這些超級解渴的干型粉紅酒：

- 阿梅斯托伊的查科利那粉紅酒（Ameztoi Txakolina Rosado）（西班牙巴斯克地區）
- 色邦酒莊粉紅酒（Clos Cibonne Rosé）（法國普羅旺斯）
- 丹碧園酒莊邦斗爾粉紅酒（Domaine Tempier Bandol Rosé）（法國邦斗爾）
- 華旭酒莊粉紅酒（Domaine Vacheron Rosé）（法國松塞爾）
- 吉羅拉索酒莊埃特納粉紅酒（Girolamo Russo Etna Rosato）（義大利西西里島）
- 馬蒂亞森粉紅酒（Matthiasson Rosé）（美國北加州）
- 史坦粉紅酒（Stein Rosé）（德國摩澤爾）

莫尼耶皮諾自組隊

2018 年左右，世界上最古老的商業葡萄酒產區之一的香檳邁入下一個階段。80 年代晚期，一群小本生意的製酒商發起種植者香檳運動，使用自己的土地所種植的葡萄釀酒（參見第 124 頁）。到了這時候，這個運動已經成熟到除了傳統生產者，還出現一波新人。皮耶彼得斯酒莊和他們經典的香堤雍酒款（使用百分之百夏多內製成）等名稱變得跟庫克、水晶和香檳王一樣，都是值得收藏的酒。在先前幾十年領導這個運動的塞洛斯被傑羅姆．普雷沃斯特等新秀取代（普雷沃斯特的製酒生涯，是從在塞洛斯的酒廠借用空間製酒開始的）。

普雷沃斯特選擇的葡萄品種不是別的，正是莫尼耶皮諾。葡萄酒專家常常給特定的品種貼上汙名，例如灰皮諾很淡薄、梅洛很無趣，而莫尼耶皮諾以前總是最後才被採收。莫尼耶皮諾是香檳的第三種葡萄，等級比備受讚譽的夏多內和黑皮諾還低。這個地區雖然在戰後大量種植這種葡萄（因為比較好種），但它通常是用來混釀葡萄酒。普雷沃斯特改變了這一切，他使用莫尼耶皮諾製造的粉紅酒和經典香檳酒變成今天品質最好的氣泡酒。他只做年份酒，但是這些酒屬於哪個年份一向不太明顯，因為在法規方面，他陳年這些酒的時間不夠長，無法在酒標上標示年份。不過，只要知道要看哪裡，你就找得到一支酒的年份——就在酒瓶上「LC」的字母旁邊。比方說，「LC18」表示這支酒完全是用 2018 年的葡萄製成。後來，其他人也受到普雷沃斯特的鼓舞，嘗試使用莫尼耶皮諾自行製造葡萄酒，包括奧雷利恩．樂肯、夏爾多涅－泰耶、埃格麗－梧利耶、艾曼紐．布侯樹和喬治．拉瓦。這個品種終於贏來應得的敬意。

2018

西班牙崛起

曾經有好幾十年，西班牙的葡萄酒陷入認同危機。許多西班牙紅酒都希望喝起來像美國製造的，也就是濃郁、酒精含量高（義大利和法國部分地區酒精含量高的酒款會興起，也是這個原因——追求高分的代價是酒廠獨特的特色遭到抹滅）。儘管這個風格有取得一些成功，如維嘉西西里酒莊長壽的葡萄酒，但西班牙紅酒大體而言都很無趣。至於白酒，有成功賣到外國的那些全都在追求白蘇維翁或是灰皮諾等因為容易飲用而非常成功的葡萄酒，不敢跟比較卓越的布根地白酒競爭（自從西班牙白酒證明自己可以——也往往——更卓越之後，情況就不同了）。近年來，西班牙葡萄酒又找回自我了，不過這次救贖來自散落在小島、山區、海邊等鳥不生蛋地區的葡萄園，而不是斗羅河岸、里奧哈及普里奧拉等比較常見的產區。

2020 年，西班牙與鄰國葡萄牙或許是世界上最令人興奮的產地了。這些地方備受讚揚的葡萄酒，是那些堅持展現自己的風味、不管國際風格的酒。這些酒大部分都是使用其他地方找不到的品種製成，有著鹹鮮風味且帶有鹹感、較輕的風格，現在變得最受歡迎。促成這項變遷的先驅生產者全都算新創企業家，在愛上葡萄酒之後，又找到價格負荷得了的葡萄園，然後剛好也有天分。很快地，他們做出了全世界也愛上的酒。

今天最棒的西班牙葡萄酒來自這些生產者：

- 科學小飛俠（Comando G）
- 葡滌酒莊（Envinate）
- 戈約・賈西亞・維亞德羅（Goyo García Viadero）
- 蘿拉・洛倫佐（Laura Lorenzo）
- 路易・羅德里奎茲（Luis Rodriguez）
- 南克拉雷斯與普列托（Nanclares y Prieto）
- 拉烏・貝雷斯（Raúl Pérez）

酸種麵包。香蕉蛋糕。椪糖咖啡。在窗台上種蔥。同色運動衣褲。《虎王》。嗯，我們在這一年經歷了很多鳥事，但最鳥的是衛生紙缺貨。

天文學家宣布，他們在肉眼就看得到的星系首次發現一個黑洞。

這一年有個小確幸：科學家發現在新冠肺炎（第一次）封城期間，臭氧層的破洞首次出現自我修復。

2020

謝辭

品酒、論酒很容易，要把那些寫成書卻很難，因此我要感謝克里斯·史唐（Chris Stang）在我們合著的《如何品酒》（How to Drink Wine）貢獻卓越的文字和指引，不僅使我有信心撰寫這本書，也為我其他的計畫持續帶來啟發。

我要謝謝那本書和這本書的編輯亞曼達·英格蘭德（Amanda Englander），她不僅賜予我這個機會，還把我努力拖到終點線，並運用優秀的技巧和組織能力將我的文字轉變成優美的散文。

我要謝謝貝琪·庫珀跟我合作這本書，她的才智、勤奮以及針對時間軸大事記和專欄所書寫的卓越文字確立了這本書的語調，使它不只跟葡萄酒有關，還跟整體文化有關。

我要謝謝伊恩·丁曼（Ian Dingman）

和 Joan Wong，他們的創意與技藝讓這本葡萄酒書籍變得好特別、好出色。沒有他們的設計，這本書不會這麼棒。

我要謝謝聯合廣場出版社的團隊給予的支持和耐性，以確保我們能出版一本優質好書，其中我特別要感謝的人有卡洛琳·休斯（Caroline Hughes）、梅莉莎·法利斯（Melissa Farris）、麗莎·福德（Lisa Forde）、梁琳達（Linda Liang）、珍妮佛·哈珀（Jennifer Halper）、岩野凱文（Kevin Iwano）和琳賽·荷曼（Lindsay Herman）。我也要謝謝泰瑞·迪爾（Terry Deal）、艾薇·麥克法登（Ivy McFadden）與艾莉森·史克拉貝克（Alison Skrabek）確保書中文字正確無誤。

我要謝謝 Parcelle 團隊 —— 尤其是我的夥伴賈許·亞伯拉姆森（Josh

Abramson）──在我撰寫這本書的時候接手完成我的工作。謝謝馬特·特爾伍倫（Matt Tervooren）和馬修·馬瑟閱讀和編修這本書前期的許多粗略草稿。我還要特別謝謝我的朋友與夥伴阿爾維德·羅森葛倫（Arvid Rosengren），他是我見過最好學（也最冷靜）的葡萄酒愛好者。

若是沒有某些人樂意給我他們的慷慨、耐心與智慧，我永遠不可能在葡萄酒世界找到一條路，更別說撰寫葡萄酒的書了。我寫這本書的時候參考了我跟許多製酒商、收藏家、進口商和侍酒師互動的筆記、信件和回憶，他們全是很棒的朋友，也是很棒的人。

我要謝謝我的前雇主和導師鮑比·史塔基和拉克蘭·麥金農－帕特森（Lachlan Mackinnon-Patterson），他們在我年僅 21 歲、還不知道怎麼打領帶時，給了我葡萄酒相關的工作。謝謝「廚房」餐廳（The Kitchen）的雨果·馬提森（Hugo Matheson）和金巴爾·馬斯克（Kimbal Musk）在不知情的狀況下讓我參加葡萄酒課程，儘管我當時不應該參加。謝謝在紐約州的普萊西德湖經營麥可先生披薩的大衛·尼可拉（David Nicola），他是我見過最樂觀和慷慨的餐廳老闆。

我要永遠感謝羅伯特·波耳，他是我最好的摯友、導師和我最喜歡一起品嚐幾支美酒的人之一。他的辛勤、慷慨與知識改變了我和許多人的生命。

我要謝謝我的家人鼓勵我去做我愛的事，這讓我有信心追逐這條道路。

參考資料與延伸閱讀

Broadbent, Michael. *Michael Broadbent's Vintage Wine*.
London: Harcourt/Webster's International, 2002.

Dalton, Levi, host. *I'll Drink to That* (podcast),
Anticipation Audio Co., 2012–, www.illdrinktothatpod.com.

Feiring, Alice. *Natural Wine for the People*.
Emeryville, CA: Ten Speed Press, 2019.

Galloni, Antonio. Vinous Media (website), vinous.com.

Keeling, Dan, and Mark Andrew. *Noble Rot* magazine, 2013–.

Liem, Peter. *Champagne Guide* (blog),
www.champagneguide.net.

Morris, Jasper. *Inside Burgundy*.
London: Berry Bros & Rudd Press, 2010.

O'Keefe, Kerin. *Barolo and Barbaresco*.
Oakland, CA: University of California Press, 2014.

Parker, Robert. *The Wine Advocate* magazine, 1978–.

Parr, Rajat, and Jordan Mackay. *Secret of the Sommeliers*.
Emeryville, CA: Ten Speed Press, 2010.

Sohm, Aldo. *Wine Simple*.
New York: Clarkson Potter, 2019.

索引

葡萄酒年份指南

探索近 250 年的世界名酒風味奧秘與崛起軌跡

THE WINE LIST

STORIES AND TASTING NOTES BEHIND THE WORLD'S MOST REMARKABLE BOTTLES

作者	葛蘭特‧雷諾茲（Grant Reynolds）
協力	貝琪‧庫柏（Becky Cooper）
插畫	Joan Wong
翻譯	羅亞琪
審訂	王鵬
責任編輯	張芝瑜
美術設計	郭家振
行銷企劃	張嘉庭

發行人	何飛鵬
事業群總經理	李淑霞
社長	饒素芬
主編	葉承享
出版	城邦文化事業股份有限公司 麥浩斯出版
E-mail	cs@myhomelife.com.tw
地址	115台北市南港區昆陽街16號7樓
電話	02-2500-7578
發行	英屬蓋曼群島商家庭傳媒股份有限公司城邦分公司
地址	115台北市南港區昆陽街16號5樓
讀者服務專線	0800-020-299（09:30～12:00; 13:30～17:00）
讀者服務傳真	02-2517-0999
讀者服務信箱	Email: csc@cite.com.tw
劃撥帳號	1983-3516
劃撥戶名	英屬蓋曼群島商家庭傳媒股份有限公司城邦分公司
香港發行	城邦（香港）出版集團有限公司
地址	香港九龍九龍城土瓜灣道86號順聯工業大廈6樓A室
電話	852-2508-6231
傳真	852-2578-9337
E-mail	hkcite@biznetvigator.com
馬新發行	城邦（馬新）出版集團Cite (M) Sdn. Bhd.
地址	41, Jalan Radin Anum, Bandar Baru Sri Petaling, 57000 Kuala Lumpur, Malaysia.
電話	603-90578822
傳真	603-90576622

總經銷	聯合發行股份有限公司
電話	02-29178022
傳真	02-29156275

製版印刷	凱林印刷股份有限公司
定價	新台幣599元／港幣200元

2024年12月初版一刷‧Printed In Taiwan
版權所有‧翻印必究（缺頁或破損請寄回更換）
ISBN　　978-626-7558-70-6

國家圖書館出版品預行編目（CIP）資料

葡萄酒年份指南：探索近250年的世界名酒風味奧秘與崛起軌跡／葛蘭特‧雷諾茲（Grant Reynolds）著；羅亞琪譯. -- 初版. -- 臺北市：城邦文化事業股份有限公司麥浩斯出版：英屬蓋曼群島商家庭傳媒股份有限公司城邦分公司發行, 2024.12

面； 公分

譯自：The wine list : stories and tasting notes behind the world's most remarkable bottles.

ISBN 978-626-7558-70-6(平裝)

1.CST: 葡萄酒

463.814　　　　　　　　　　　113019691